南方海相页岩气开发优化理论与方法

王军磊　贾爱林　位云生　齐亚东　著

石油工业出版社

内 容 提 要

本书基于页岩气地质工程一体化技术的理念，以川南海相龙马溪组页岩气为开发对象，较为详尽地阐述了页岩气藏开发技术政策优化的理论基础和实际应用，系统总结了传统开发优化技术的适用性和局限性，重点论述了近几年发展的新方法理论基础，并给出了详尽的应用实例。

本书可供气田开发研究人员、气藏工程师及气田开发管理人员参考，也可作为大专院校相关专业师生的参考书。

图书在版编目（CIP）数据

南方海相页岩气开发优化理论与方法／王军磊等著
. — 北京：石油工业出版社，2022.4
ISBN 978-7-5183-5342-2

Ⅰ. ①南… Ⅱ. ①王… Ⅲ. ①海相-油页岩资源-油气田开发-研究-中国 Ⅳ. ①P618.130.8

中国版本图书馆 CIP 数据核字（2022）第 069066 号

出版发行：石油工业出版社
（北京安定门外安华里 2 区 1 号　100011）
网　　址：www.petropub.com
编辑部：（010）64523708
图书营销中心：（010）64523633
经　　销：全国新华书店
印　　刷：北京中石油彩色印刷有限责任公司

2022 年 4 月第 1 版　2022 年 4 月第 1 次印刷
787×1092 毫米　开本：1/16　印张：12.75
字数：300 千字

定价：120.00 元
（如发现印装质量问题，我社图书营销中心负责调换）

前　　言

本书基于页岩气地质工程一体化技术的理念，以川南海相龙马溪组页岩气为开发对象，较为详尽地阐述了页岩气藏开发技术政策优化的理论基础和实际应用，系统总结了传统开发优化技术的适用性和局限性，重点论述了近几年发展的新方法理论基础，并给出了详尽的应用实例。

本书以地质工程一体化为研究思路，通过实验、理论推导、模拟计算和现场应用相结合的方法建立以体积压裂水平井为评价单元的生产动态分析模型。以此为基础，结合开发实践经验，形成了在部署阶段、完井阶段及投产阶段的页岩气开发参数设计及优化方法，以优化水平井靶体、完井压裂参数、井网井距和气井生产制度，达到发挥气井产能、提高储量动用程度的目的。并通过长宁、威远、昭通地区的开发实例展示了该方法的可操作性和示范性，突显了我国海相页岩气的开发部署特色，为我国页岩气的效益开发提供指导和借鉴，为继续探索和完善页岩气开发提供理论基础。

本书注重理论联系实际，注重技术机理分析，既有较强的理论性又有大量实践经验，对于现场科研人员具有较高的参考价值，本书突出了地质工程一体化设计理念，强调气藏尺度下的开发技术政策优化体系中相关理论方法的进展和实用技术，综合性更强。

本书在撰写过程中得到了中国石油天然气股份有限公司西南油气田分公司、浙江油田分公司、SIM TEC 公司、中国地质大学（北京）及美国得克萨斯大学奥斯汀分校的专家们的大力支持，此处一并感谢。

由于笔者水平有限，书中难免存在不足，敬请广大读者批评指正。

目　　录

第一章 绪 论

本章重点总结了近十年以来川南页岩气的地质背景、开发现状及开发关键技术体系,梳理了我国页岩气近年来在勘探开发实践中的理论认识和开发技术进展,总结了我国页岩气商业开发的成功经验,明确了页岩气在我国未来天然气发展中的前景与地位。

第一节 川南地区页岩气地质条件

页岩属于细粒岩石,由粉砂和黏土级颗粒经过压实作用而形成,页岩是全球大多数常规油气藏的主要烃源岩,富含有机碳;页岩呈薄层状,且易分裂,导致页岩易沿其薄层理破碎或裂开,也易形成裂缝,具体情况取决于其成熟度和矿物成分。页岩气是以游离和吸附方式存在于页岩微纳米级孔隙中的非常规天然气,具有自生自储、无气水界面、大面积连续成藏、低孔低渗等特征,无自然产能,需要人工改造才能释放出工业性天然气产量,又称"人工气藏",典型的页岩气井生产周期长,初期产量较高,早期递减非常快,后期低产时间较长[1-3]。

我国页岩气形成的资源基础具有多样性,陆上沉积盆地内广泛发育海相、海陆过渡相及陆相三种类型的富有机质页岩。其中,海相富有机质页岩主要沉积于早古生代,主要分布在四川盆地周缘等广大南方地区以及塔里木盆地、羌塘盆地等西部地区,总面积为 $(60 \sim 90) \times 10^4 km^2$;海陆过渡相—煤系页岩沉积于石炭纪—二叠纪,主要分布于华北地区以及南方地区,面积约为 $(15 \sim 20) \times 10^4 km^2$;陆相富有机质页岩沉积于中生代—新生代,主要分布于东部松辽盆地、渤海湾盆地及中部的鄂尔多斯盆地等,面积约为 $(20 \sim 25) \times 10^4 km^2$。仅四川盆地及周缘就发育了六套海相、海陆过渡相机陆相页岩地层,自下而上分别为震旦系陡山沱组滨浅海页岩、寒武系筇竹寺组深水陆棚页岩、奥陶系五峰组—志留系龙马溪组深水陆棚页岩、二叠系龙潭组海陆交互相页岩、三叠系须家河组湖泊相—沼泽相页岩及侏罗系自流井组滨浅湖相页岩[4]。

中国页岩气勘探开发的主战场在四川盆地,在四川盆地及周缘地区广泛分布六套海相、海陆过渡相及陆相富有机质页岩。现阶段勘探开发实践表明,位于川南地区的五峰组—龙马溪组具有以下地质特征:

(1)川南地区位于上扬子板块西部,刚性基底稳定性强,沉积盖层变形总体较弱,隶属于川南低陡、川西南低褶构造带,发育低陡构造和平缓构造、中小断裂;

(2)该层系发育于深水陆棚沉积,处于大面积缺氧环境,岩性主要为富有机质硅质页岩，干酪根以腐泥型和混合型为主，该套地层具有热演化程度高、有机质含量高、含气量高、脆性矿物含量高、储层连续稳定分布等特征；

（3）五峰组—龙马溪组页岩气普遍具有高压富气规律，深层压力系数更高，富集条件更优（图1-1）。压力系数随埋深增加而增大（主要分布在1.2~2.2之间），页岩储层含气性更好，深层压力系数普遍大于1.8，有机孔和无机孔均发育；

（4）川南地区页岩气资源落实、潜力巨大，其中有力页岩气面积约为 $3.0 \times 10^4 km^2$、页岩气资源量约为 $8.84 \times 10^{12} m^3$，五峰组—龙马溪组页岩储层埋深介于1500~4500m、储层厚度介于30~60m，有机碳含量介于2.5%~8.5%，有机质热演化程度介于2.5%~3.8%，孔隙度介于3.4%~8.5%，地层压力系数介于0.92~2.03；

（5）吸附气和游离气共存，储集方式多样。游离气储集在孔隙空间中，吸附气储集在有机质中（包括干酪根、黏土颗粒等），还有极少量以溶解状态存储于干酪根和沥青质中，吸附气占总储集量的20%~85%，具体储集方式包括：①以吸附气形式储存在有机质表面中；②游离气储存在非有机粒间孔隙中；③游离气储存在天然微裂缝中；④水力压裂形成的人工裂缝中液存在部分气体；⑤有机质的纳米级孔隙网络中存在部分游离气。

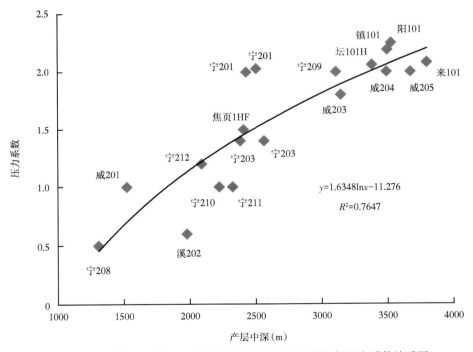

图1-1　四川盆地五峰组—龙马溪组页岩气井产层中深与压力系数关系图

整体上，川南地区五峰组—龙马溪组优质页岩分布稳定、埋深适中、资源落实、储层品质好。按照储层分类标准（表1-1），Ⅰ类+Ⅱ类储层主要位于五峰组—龙一₁亚段下部，厚度20~70m。川南地区五峰组—龙马溪组页岩储层厚度小，Ⅰ类+Ⅱ类优质页岩集中发育在龙一$_1^1$—龙一$_1^3$小层，隔（夹）层不发育，目前主要采用单层井网开发。现阶段地质评价表明，川南地区五峰组—龙马溪组页岩有机碳含量、孔隙度、含气量、脆性矿物含量、埋深、压力系数等储层关键评价参数与焦石坝页岩气田相当，与北美地区海耶斯维尔（Haynesville）气田相似程度高（表1-2），是目前最有利的页岩气勘探开发层系，中国几乎所有页岩气工业产能均来自该层系。

表1-1 四川盆地五峰组—龙马溪组页岩储层分类标准[5]

参数	页岩储层		
	Ⅰ类	Ⅱ类	Ⅲ类
有机碳含量（%）	≥3	2~3	1~2
孔隙度（%）	≥5	3~5	2~3
脆性指数（%）	≥55	45~55	30~45
含气量（m³/t）	≥3	2~3	1~2

表1-2 川南页岩气与北美页岩气地质条件对比[6]

页岩气区块	马塞勒斯（Marcellus）	巴内特（Barnett）	海耶斯维尔（Haynesville）	焦石坝	川南地区			
					威远区块	长宁区块	泸州区块	渝西区块
盆地名	阿巴拉契亚	沃斯堡	北路易斯安娜	四川盆地	四川盆地	四川盆地	四川盆地	四川盆地
层位	泥盆系	石炭系	侏罗系	志留系	志留系	志留系	志留系	志留系
埋藏深度（m）	1291~2591	1981~2591	3000~4700	2000~4500	1500~4000	2000~4000	3000~4500	4000~4500
TOC（%）	3~12	2.0~7.0	2~6	2~6	3.4~3.8	3.6~4.4	2.8~3.3	3.0~3.2
有效厚度（m）	15~61	15~61	61~107	20~40	20~45	25~35	32~65	29~66
含气量（m³/t）	1.7~2.8	8.5~9.9	2.8~9.4	2~5	2.0~7.5	5~7.5	2.9~4.6	3.6~5.7
压力系数	1.01~1.34	1.41~1.44	1.6~2.1	1.5~2.0	1.2~2.0	1.2~2.0	1.8~2.3	1.8~2.0
干酪根类型	Ⅰ—Ⅱ型	Ⅰ—Ⅱ型	Ⅰ—Ⅱ型	Ⅰ型	Ⅰ型	Ⅰ型	Ⅰ型	Ⅰ型
R_o（%）	1.5~3.0	1.1~2.2	1.8~2.5	2.4~2.8	1.8~3.0	2.3~2.9	2.3~3.0	2.3~3.0
孔隙度（%）	10	4~5	4~12	3~7	4.5~7.5	3.5~7.0	4.4~5.7	3.4~5.9
脆性矿物含量（%）	20~60		65~75	30~55	57~71	66~80	55~72	52~68
构造复杂程度	简单	简单	简单	简单	简单—中等	中等—复杂	中等—复杂	中等—复杂

第二节　南方海相页岩气开发现状

随着北美页岩气的规模开发和工业技术水平的不断进步，北美页岩气产量大幅提升，美国页岩气产量从 2005 年的 $204×10^8m^3$ 提高到 2018 年的 $6072×10^8m^3$，在全球范围内掀起了"页岩气革命"。以页岩气为代表的非常规油气资源的成功开发，标志着油气工业理论和技术的重大突破和创新，极大地拓展了油气勘探开发的资源量[7]。

目前中国已经落实了页岩气资源基础，证明了页岩气具有工业开发价值，经过多年的勘探开发实践，页岩气实现了从无效资源向单井有效产量的技术跨越，中国页岩气目前已进入精细化开发阶段，既要产量又要效益。

一、勘探开发历程

我国页岩气勘探起步较晚，2005 年开始，国土资源部油气资源战略咨询中心联合国内石油公司和高等院校开展了规模性的页岩气前期页岩气资源潜力研究和选取评价工作，根据中国海相页岩气的勘探开发历程，可以将其划分为四个阶段[8-9]。

1. 评层选区阶段（2007—2009 年）

2007 年，中国石油与美国新田石油公司合作，开展了威远地区寒武系筇竹寺组页岩气资源潜力评价与开发可行性研究。2008 年，中国石油勘探开发研究院在川南长宁构造志留系龙马溪组露头区钻探了中国第一口页岩气地质评价浅井——长芯 1 井。2009 年，国土资源部启动了"全国页岩气资源潜力调查评价与有利区优选"项目，对我国陆上页岩气资源潜力进行系统评价。与此同时，中国石油与壳牌石油公司在富顺—永川地区开展了我国第一个页岩气国际合作勘探开发项目。

2. 先导试验阶段（2010—2013 年）

2010 年开始，中国页岩气勘探开发陆续获得单井突破。2010 年 4 月，中国石油在威远地区完钻中国第 1 口页岩气评价井——威 201 井，压裂获得了工业页岩气流。2011 年国土资源部正式将页岩气列为我国第 172 种矿产，按独立矿种进行管理。2012 年 4 月，中国石油在长宁地区钻获第一口具有商业价值页岩气井——宁 201-H1 井，该井测试获得日产气量 $15×10^4m^3$[4]，实现了中国页岩气商业开发的突破。2012 年 11 月 28 日，中国石化在川东南焦石坝地区完钻的焦页 1HF 井在五峰组—龙马溪组获得页岩气测试产量 $20.3×10^4m^3$，宣告了涪陵页岩气田的发现。

3. 示范区建设阶段（2014—2016 年）

2014 年开始，中国页岩气产量呈现阶梯式快速增长的态势，2014 年中国页岩气产量跃升至 $13.1×10^8m^3$，2015 年页岩气产量为 $45.4×10^8m^3$，2016 年页岩气产量为 $78.9×10^8m^3$。2014 年，中国石化焦石坝区块提交中国首个页岩气探明地质储量 $1067.5×10^8m^3$，实现了中国页岩气探明储量零的突破[10]。2015 年在威远 W202 井区、长宁 N201-YS108 井区及涪陵页岩气田累计探明页岩气地质储量 $5441.3×10^8m^3$，中国石油西南油气田建成第一个日产气量超百万立方米的页岩气平台（CNH6 平台）。在四川盆地及其周缘逐渐形成了涪陵、长宁、威远和昭通四个页岩气商业开发区，页岩气储量及产量迅速增长。2016 年 9 月，国家能源局出台了页岩气"十三五"规划，2020 年页岩气产量力争突破 $300 \times 10^8 \mathrm{m}^3$，2030 年页岩气产量力争达到 $(800 \sim 1000) \times 10^8 \mathrm{m}^3$。

4. 工业化开采阶段（2017 年至今）

2017 年，涪陵页岩气田如期建成百亿立方米产能，相当于建成一个千万吨级的大油田，2017 年全年产量达到 $60.4 \times 10^8 \mathrm{m}^3$。同年，中国石油西南油气田 CNH10-3 井单井产量突破 $1 \times 10^8 \mathrm{m}^3$，中国石油 2017 年全年页岩气产量为 $30.2 \times 10^8 \mathrm{m}^3$。2017 年全年中国页岩气产量超过加拿大（$52.1 \times 10^8 \mathrm{m}^3$），成为世界第二大页岩气生产国。截至 2018 年底，累计完钻井数 898 口，提交探明地质储量超过 $1 \times 10^{12} \mathrm{m}^3$（中国石化探明储量 $7254 \times 10^8 \mathrm{m}^3$，中国石油探明储量 $3200 \times 10^8 \mathrm{m}^3$），2018 年全年页岩气产量为 $108.8 \times 10^8 \mathrm{m}^3$（中国石化 $66.17 \times 10^8 \mathrm{m}^3$、中国石油 $42.64 \times 10^8 \mathrm{m}^3$）。

二、开发潜力

中国石油是国内页岩气勘探开发的先行者，历经十余年的不懈探索，圆满完成了评层选区、先导性试验和示范区建设，当前迈入了工业化开采新时期。在埋深 3500m 以浅的范围内先后建成了长宁、威远、昭通三个页岩气开发国家级示范区，实现了规模有效开发，且深层页岩气（3500~4500m）也已获得工业油气流，具有良好的勘探开发前景。截至 2019 年底，在四川盆地累计探明页岩气地质储量 $1.06 \times 10^{12} \mathrm{m}^3$，形成了四川盆地万亿立方米页岩气大气区，其中长宁、威远、昭通区块共探明含气面积 $386 \mathrm{km}^2$，探明地质储量 $3200 \times 10^8 \mathrm{m}^3$。截至 2019 年底，投产气井超过 600 口，日产气 $3000 \times 10^4 \mathrm{m}^3$，年产气 $78.7 \times 10^8 \mathrm{m}^3$，累计产气近 $200 \times 10^8 \mathrm{m}^3$，建成我国最大的页岩气生产基地（图 1-2）。

中国页岩气资源丰富，尤以四川盆地南部（以下简称川南地区）显著，其海相页岩气最具实际开采价值。经过近十年的不懈探索，川南地区页岩气勘探开发经历了评层选区、先导性试验和示范区建设 3 个阶段，目前在四川盆地奥陶系龙马溪组页岩气建立了威远、长宁、昭通、礁石坝建成了四个页岩气开发示范区，2019 年实现页岩气年产量 $80 \times 10^8 \mathrm{m}^3$，计划"十三五"实现页岩气 120 产量规划，掌握了 3500m 以浅页岩气有效开发方法和手段。

在长宁—威远示范区建设过程中，经历了三轮优化调整，开发效果显著提高，川南地区 3500m 以浅页岩气形成了"综合地质评价、开发政策优化、水平井优快钻井、水平井体积压裂工厂化作业、高效清洁开发"六大开发主体技术，页岩气开发技术体系成熟、定型，即确保水平井靶体位置、提高 I 类储层钻遇长度、提高加砂量、井筒完整性。长宁区块建产区总面积 $525.3 \mathrm{km}^2$，地质储量 $4446.8 \times 10^8 \mathrm{m}^3$，建成年产 $50 \times 10^8 \mathrm{m}^3$ 规模，靶体位置龙一$_1$¹—龙一$_1$² 小层，水平巷道间距 300~400m，水平段主体长度 1800m，井均测试产量 $23.47 \times 10^4 \mathrm{m}^3/\mathrm{d}$。威远区块建产区总面积 $562.3 \mathrm{km}^2$，地质储量 $4276.9 \times 10^8 \mathrm{m}^3$，年产 $40 \times 10^8 \mathrm{m}^3$ 规模，靶体位置龙一$_1$¹ 小层，水平井巷道间距 300m，水平段长度 1600~2000m。昭通区块建产区总面积 281.7km²，地质储量 1886.7×10⁸m³。黄金坝 YS108 井区、紫金坝 YS112 井区的产能设计规模 9.8×10⁸m³/a；水平段 769~2810m，平均长度 1594m。

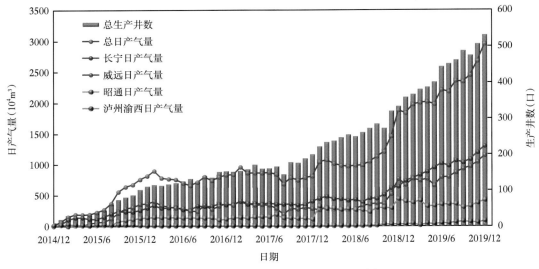

图 1-2　中国石油三大气田年产量曲线[8]

第三节　页岩气开发关键技术

在近 10 年来的页岩气勘探开发过程中，中国形成了埋深 3500m 以浅的页岩气六大开发主体技术系列（图 1-3），掌握了储层特点及生产规律，提高了单井产量，有效控制了开发成本[1,7]。

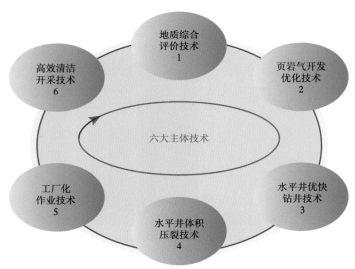

图 1-3　中国页岩气开发主体技术

一、地质综合评价技术

在勘探评价阶段，提前开展气藏精细描述工作，创新形成了多期构造演化、高成熟—过成熟页岩气地质综合评价技术。通过开发小层划分、岩心纹层刻画、高精度地球物理预测和沉积相成因分析等手段，形成了页岩储层描述的理论基础。主要内容包括：（1）测井与岩心分析相结合，明确了海相页岩龙马溪组的地层结构；（2）海相深水陆棚沉积环境，决定了优质页岩储层的大"甜点"分布特征；（3）地质条件与工程因素综合分析，构建了优质页岩储层表征关键参数。

目前形成了以复杂山地页岩气地震采集处理及系列参数解释技术、水平井存储式测井系列设备及评价技术、主力开发小层划分技术为主体的地质综合评价技术。将开发层段研究尺度从几十米精细到几米，优质靶体位置明确为龙马溪组龙一$_1^1$小层，同时建立以综合系数（联合地质和工程指标以整体反映页岩气井生产能力[36]）为评价标准的页岩气井综合分类标准和以动态储量为标定的地质储量计算方法。地质综合评价技术为页岩气地质—工程"甜点"区优选和有效开发提供了地质依据。

二、开发优化技术

在页岩气开发过程的不同阶段面临着不同的开发优化问题：开发部署阶段优化水平井井距（即巷道间距）、钻井阶段优化水平井箱体层位（即靶体位置优化）、完井阶段优化完井压裂方案（即水平段及压裂参数优化）和投产阶段优化单井生产制度。

优化水平井靶体位置，是水平井获得高产的重要地质保证，也有利于优质储层充分改造[5]。开发实践表明，水平井开发效果（初始产量及累计产量）与优质储层钻遇长度相关度高，五峰组上部—龙一$_1^3$小层是优质导向窗口，其中长宁地区水平井测试产量与龙一$_1^1$+龙一$_1^2$小层钻遇长度相关度高，威远地区水平井测试产量与龙一$_1^1$小层钻遇长度相关度高。

优化水平井及压裂参数，是水平井获得高产的重要工程保证[12]。水平井产液剖面结果显示无产能贡献的射孔簇平均占比45%，无产能贡献的压裂级占比超过20%[38]。综合考虑储层品质和完井品质，结合地下条件和压裂施工条件限制，将储层物性和完井参数相近的层段划分为同一压裂段并优选射孔位置以降低压裂段内应力差异，打破"几何完井"设计方法的盲目性，最大限度地增加储层压裂设计的均匀性和有效性。

优化水平井间距，是气藏提高储量动用程度的关键[13]。美国能源信息署（EIA）发表至2018年6月所有钻完井的平均情况，按水平段平均长度1370m取值，平均井距约为315m。中国川南地区页岩气形成了以生产干扰和压裂干扰为判别技术的开发井距优化技术，长宁、威远、昭通地区的井距从最初的400～500m逐步缩小至目前的300m，井间储量得到有效动用，区块采出程度可从25%提高至35%左右。

优化单井生产制度，是保证气井 EUR 最大化的保障[11]。2010 年以前，美国海耶斯维尔页岩气田基本采用大油嘴生产，2010 年后考虑到该地区地层压力较高、应力敏感性显著，逐渐转变为控压限产方式。国内长宁—威远、昭通等页岩气示范区的地质条件与海耶斯维尔相似，经过几年的现场试验后也开始推广使用控压限产的生产方式，大量开发经验也证明了控压生产较放压生产可普遍提高 28%的单井 EUR。

三、水平井优快钻井技术

经过多年来页岩气钻采工程现场试验，通过优化钻井液性能、钻井参数和钻具组合，缩短钻井周期，提高机械钻速，中国基本形成了 3500m 以浅五峰组—龙马溪组海相页岩气水平井优快钻井技术。通过不断技术优化，形成了成熟的配套技术（表 1-3），包括井身结构优化、直井段高效马达+个性化 PDC 钻头、造斜段和水平段旋转导向精确控制井眼轨迹。

表 1-3　钻井优化前后参数对比

序号	关键参数	优化前	优化后
1	井身结构	四开四完	三开三完
2	井眼轨迹	三维井	双二维井
3	钻井参数	常规参数	大排量，高钻压
4	钻井装备	35MPa 泵及管汇	52MPa 泵及管汇
5	定向工具	PDC+弯螺杆	PDC+旋转导向
6	钻井液体系	水基	油基

中国石化涪陵页岩气田焦页 22-S1HF 井创造了 2536m 的国内超长水平段"一趟钻"最长的钻井记录，为 2000m 以上超长水平段页岩气开发积累经验。同时"高性能水基钻井液"的成功试验，进一步降低了钻井周期和环保风险，长宁区块单井钻井周期由 139 天缩短至 69 天，最短 27.6 天，水平段最长达到 2810m[14]。近两年来，中国页岩气在 3500m 以深主体钻井工艺取得技术突破，钻井周期由 210 天下降至 120 天，I 类储层钻遇率由 50%提高到 90%以上。海相页岩气钻井经验表明，为了获得高产井要保证水平段龙一$_1^1$小层有利储层的钻遇率，控制优质井眼轨迹，确保优质的井身质量，同时要实现快速钻井，有效控制钻井作业成本。

四、水平井体积压裂技术

对页岩储层而言，气井无自然产能或自然产能极低，需要经过大规模压裂改造后才能有效投产，形成"人造气藏"[15-16]。随着水平段长度的增加，相应的压裂强度不断增加，主要是通过增加压裂级数、减小段间距、增加压裂簇数、提高支撑剂浓度、暂堵转向、加砂压裂和提高压裂液用量等一系列技术措施来增加储层改造强度，实现"超级缝网"，进而提高单井产能。经过持续攻关试验，中国自主研发体积压裂技术、工具成熟配套，已实现规模化应用，是低成本开发的关键技术之一。

中国目前形成以"大排量低黏度滑溜水+低密度高强度支撑剂+可溶桥塞+"拉链式"压裂模式"和"密切割分段分簇+高强度加砂技术+暂堵转向（多级）压裂"为主的3500m以浅的水平井体积压裂装备及工艺技术（图1-4），"千方砂、万方液"的大规模体积压裂已经成为我国页岩气体积改造的标志。初步形成了深层主体压裂工艺，针对深层页岩高应力差、高闭合应力特征，采用了"低黏度滑溜水、大液量高排量泵注+大粒径支撑剂、高强度加砂"主体压裂工艺，实现了复杂缝网体积压裂。当前，分段更短、簇数更多、加砂强度更大的新一代改造技术正在川南地区页岩气开发区内积极推广应用，有信心将单井EUR提高到（1.5~2.0）$\times 10^8 m^3$。

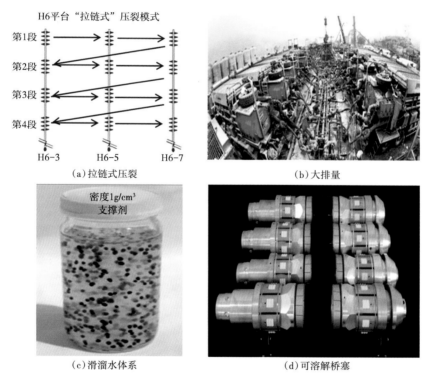

（a）拉链式压裂　　　　　　　（b）大排量

（c）滑溜水体系　　　　　　　（d）可溶解桥塞

图1-4　页岩气井体积压裂技术体系

五、工厂化作业技术

水平井+多级压裂的开发模式广泛应用于页岩气开采。通过改变压裂模式和优化压裂参数在地层内产生一定的诱导应力，促使地应力大小和方向发生变化，从而大幅提高网络裂缝复杂程度，增加气藏的增产改造体积[17-19]。

中国页岩气通过引进、消化吸收、再创新的方式，逐渐形成了适用于南方海相页岩气开发的"井工厂"作业模式：双钻井作业、批量化钻井、"拉链式"压裂、统一供水供电。完全实现了钻井压裂工厂化布置、批量化实施、流水线作业和资源共享、重复利用、提高效率、降低成本的目标。通过加强对各技术环节的把控，提高了施工效率，降低了单井投资，采用页岩气水平井组"工厂化"作业技术，形成了川南页岩气工厂化技术指标体系，设备安装时间缩短70%，压裂作业效率提高50%，钻井作业效率提高50%以上，钻井液压裂液回用率达85%

六、高效清洁开采技术

形成了以"标准化设计技术+组合式橇装技术+数据采集与数据集成技术+实时监测与远程控制技术+协同分析与辅助决策技术"为主体的地面采输与数字化气田建设技术[图1-5（a）]，达到了工厂化预制、模块化安装、快建快投、重复利用的目的，实现了平台无人值守、井区集中管控，远程支持协作。井均地面投资由1200万元降至700万元以

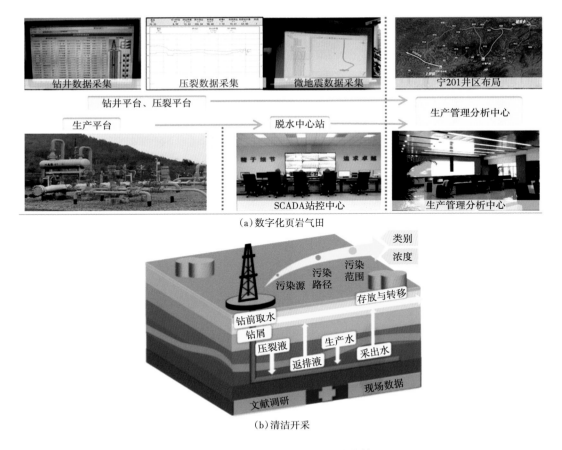

（a）数字化页岩气田

（b）清洁开采

图1-5　页岩气高效清洁开采技术体系

内，信息化覆盖率超过90%，操作成本控制在220元/10^3m^3。形成了以"土地保护技术+地下水保护技术+地表水保护技术+重复利用技术"为主体的清洁开采技术[图1-5（b）]，实现了井下无窜漏，钻井压裂废弃物无害化处理，压裂返排液回收重复利用，减少了土地占用率，有效保护了环境。实施后减少土地占用70%以上，压裂返排液重复利用率85%以上，废弃物无害化处理率100%，地表及地下水质监测未发现异常。

第二章　页岩气高效开发的科学问题

页岩气开发是一个耦合了孔隙微观结构分析、气体流动机理分析、天然裂缝描述、人工裂缝刻画与气体流动过程模拟等过程的复杂理论体系。本章归纳凝练出各个技术环节所涉及的关键科学问题，为开展后续研究提供科学方向。

第一节　页岩气藏压裂水平井宏观流动力学

页岩储层孔隙结构微细、微裂缝发育，具有吸附气量大、基质孔径小、渗透率低等特征，大量实验表明页岩孔隙度范围集中在 2%~15% 之间，基质渗透率多小于 1mD。页岩气主要以吸附态、溶解态和游离态三种状态赋存于地层中，天然裂缝网络系统不发育，难以形成有效储层，需要大型体积压裂改造才能形成工业气流，而且生产过程中气体压力降低会引起渗流通道闭合，有时介质表现压力敏感性。

一、赋存机制

页岩气藏孔隙形状复杂，关于页岩原生孔隙多为纳米级别，呈现多尺度空间特征[10]。主要储渗空间可分为孔隙和裂缝两类（图 2-1）。基质孔隙，即有机孔隙（0.01~1μm），残余原生孔隙、微裂（孔）隙、次生的溶蚀孔隙（15~20μm），主要包括：（1）微孔隙，孔隙直

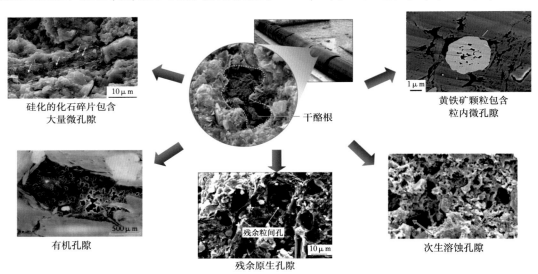

硅化的化石碎片包含大量微孔隙

黄铁矿颗粒包含粒内微孔隙

有机孔隙

残余粒间孔

残余原生孔隙

次生溶蚀孔隙

图 2-1　原生孔隙—裂缝 SEM 扫描电子显微镜图片

径大于 $0.75\mu m$，微孔隙多与微化石、化石碎屑或者黄铁微球粒有关；（2）孔隙直径小于 $0.75\mu m$，粒间纳米级孔隙、粒内纳米级孔隙（页岩中最广泛和数量最多的类型）。裂缝多以微裂缝形式存在，其产生可能与构造运动相关，也可能与页岩破裂有关。

页岩气藏中吸附气与自由气共存，吸附气量通常占总气量的 $20\% \sim 85\%$，吸附气含量直接与有机质（即干酪根）含量的高低、地层温度有关，有机质的吸附能力随有机碳含量的增加而增加，随温度的增加而减小，随压力增加而增加。在自然条件下，孔隙中的自由气与吸附在干酪根表面的气体处于动态平衡状态，即气体从岩块表面的解吸速度等于岩块对气体的吸附速度。在等温条件下，吸附量与压力的关系曲线称为等温吸附线，描述这种吸附等温线通常分为三类：

亨利（Henry）方程：

$$V = \frac{V_E}{V_L} \tag{2-1}$$

弗兰德里希（Freundlich）方程：

$$V = kp^n \tag{2-2}$$

朗格缪尔（Langmuir）方程：

$$V = V_L \cdot \frac{p}{p_L + p} \tag{2-3}$$

其中亨利方程适用于低压条件，吸附量与压力呈线性关系。弗兰德里希方程是亨利方程的扩展形式，多用以描述多分子层的吸附曲线。朗格缪尔方程被广泛采用，由朗格缪尔在 1918 年基于动力学理论建立的单分子层理论，V_L 是朗格缪尔吸附常数，p_L 是朗格缪尔吸附压力。朗格缪尔模型假设吸附态与游离态气始终处于瞬时平衡状态，解吸速度与吸附速度相等，吸附与解吸间无滞后现象，考虑到页岩储层超低的渗透性，平衡假设条件在实际中是合理的。

但是朗格缪尔方程具有较大的局限性，主要体现在：仅适用于低压（小于 15MPa）单组分气体，且适用于单分子层吸附条件。为此 Freeman 提出一种经验的多组分等温吸附方程，用以考虑多组分气体条件下有机质颗粒对气体的吸附能力：

$$V = \frac{y_i(V_{L,i}/p_{L,i})}{1 + \sum_j p(y_j/p_{L,j})} p \tag{2-4}$$

Brunauer、Emmett、Teller 等在 1938 年将朗格缪尔单分子层吸附理论扩展到多分子层吸附，形成了 BET 理论，并从经典统计理论推导出多分子层吸附关系式：

$$V = e^{\frac{E_1 - E_L}{RT}} \frac{V_L p}{(p_0 - p)\left[1 + \left(e^{\frac{E_1 - E_L}{RT}} - 1\right)\frac{p}{p_0}\right]} \tag{2-5}$$

当 $E_1 > E_L$ 时，即吸附气与吸附剂间的引力大于液化状态下的气体分子间引力，此时等温吸附方程为 II 型；当 $E_1 < E_L$ 时，等温线为 III 型。实际上朗格缪尔方程仅描述了与气体分子直接接触的单层吸附，难以描述微孔中的吸附机理。盛茂认为低压阶段 CH_4 以微孔充填形式吸附，在高压阶段 CH_4 以单分子层形式吸附在中孔和大孔表面，将基于微填充理论的 DA 超临界吸附模型和基于单层吸附的朗格缪尔方程结合，建立能够表征页岩气超临界吸附 DA-朗格缪尔等温吸附模型。

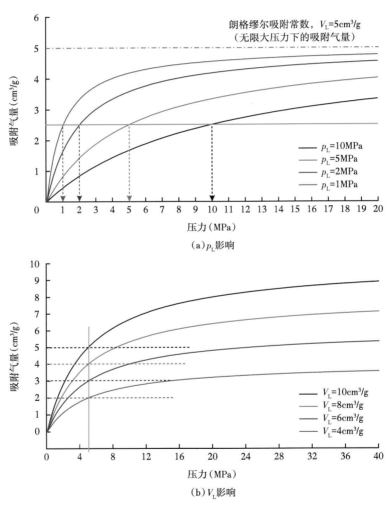

图 2-2　朗格缪尔等温吸附方程敏感参数分析

二、运移机制

页岩气开发过程中常伴随着体积压裂工艺，形成的人工压裂—天然微裂缝缝网结构具有复杂的空间多尺度性：纳米级有机质粒内孔隙、纳米—微米级无机质粒间孔隙、微米—毫米级天然微裂缝、毫米—厘米级水力裂缝。整个裂缝网络系统构成相互连通的流动空间，不同的流动空间遵循不同的流动规律，气体流动是一个在微孔隙、微裂缝、宏观裂缝与水力裂缝等渗流通道中连续耦合的过程。

页岩渗透率变化范围很大，从数十纳达西到数百纳达西，气体在超微细孔隙中的流动规律难以用达西定律刻画。从受孔隙尺寸、气体物性、压力与温度控制，气体非达西流动速度高于达西流速，滑脱流动和扩散现象的影响明显。许多学者将克努森（Knudsen）数作为描述流体非达西效应的划分依据，即分子自由程 λ 与孔隙半径 R_h 比值，其中分子自由程为：

$$\lambda = \frac{k_B}{\sqrt{2}\,\pi\delta_{cd}^2}\,\frac{T}{p} \qquad (2-6)$$

式中　k_B——波尔兹曼（Boltzman）常数，1.3805×10^{-23}J/K；

　　　δ_{cd}——气体碰撞直径，其中 $CH_4 = C_2H_5 = CO_2 = 0.41\times10^{-9}$m。

由动力学理论可知，分子自由程与动力黏度系数、压力和温度之间还可以写成：

$$\lambda = \frac{\mu_g}{p}\sqrt{\frac{\pi RT}{2M_g}} \qquad (2-7)$$

式中　μ_g——气体黏度，Pa·s；

　　　p——绝对压力，Pa；

　　　R——气体常数，取值8314J/kmol/K；

　　　T——气体温度，K；

　　　M_g——分子质量，kg/kmol。

流动通道的平均半径满足：

$$R_h = 2\sqrt{2\tau_h}\sqrt{\frac{k_\infty}{\phi}} \qquad (2-8)$$

式中　τ_h——孔隙的迂曲度。

利用克努森值区分流动区域，具体结果见表2-1。

表2-1　基于克努森数划分流动区域

克努森值范围	流动模式	流动机理
$\leqslant 0.001$	黏滞流/达西流	以分子间碰撞为主，忽略分子壁面碰撞
$0.001 < Kn < 0.1$	滑脱流	考虑靠近孔隙壁面的流量
$0.1 < Kn < 10$	过渡流	页岩气主要流动模式
$Kn \geqslant 10$	分子自由流	不常见，满足克努森流动机理

气体在微尺度孔隙中的流动是多重流动机制共同作用的结果。Freeman 将微尺度流动机理分解为六部分：常见的黏滞流、克努森扩散（孔内扩散）、分子扩散（气体为混合物，由气体混合物浓度所引起，用菲克（Fick）定律表示）、表面扩散（即气体的解吸作用），以及不常见的构型扩散（一种化学扩散）和液体扩散（图2-3）。如果气体分子运动自由程远

小于孔隙半径，此时分子与分子碰撞的概率比分子与壁面碰撞的概率大得多，因此气体的运移主要以黏性流为主；当多孔介质的孔隙半径较小时，小到与气体分子运动的自由程在一个数量级时，分子与壁面碰撞的概率远高于分子与分子碰撞的概率，此时气体运移以克努森扩散为主。

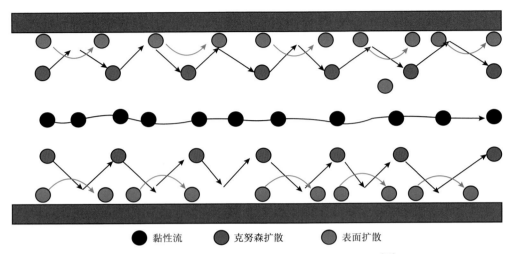

图 2-3　单组分气体在多孔介质孔隙中的运移机制[10]

　　图 2-4 是利用克努森数划分的流体运动定律分布图，从图中可以看出，低压、小孔隙流动空间内的流体偏离经典黏滞流程度最高，这也是页岩气通常表现为非达西流动的根本原因。根据流动机制可以将整个开发过程划分为五大尺度：

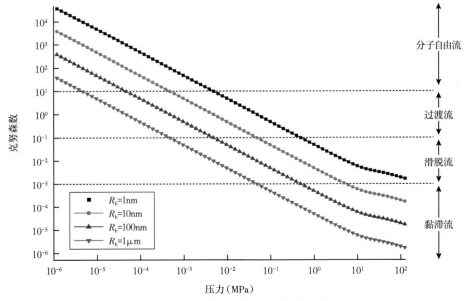

图 2-4　利用克努森数划分气体流动类型

（1）宏观尺度：气体从地层孔隙空间到井筒的黏性流动；

（2）中等尺度：气体在微裂缝中的黏性流动；

（3）微观尺度：气体在颗粒孔隙空间中的黏性流和克努森扩散流动；

（4）纳观尺度：气体在有机质颗粒表层的表面扩散流动；

（5）分子尺度：气体在有机质内部孔隙的扩散流动。

从图 2-5 中可分析出，不同尺度孔隙介质内气体遵循的流动规律不同，在宏观尺度和中等尺度上可采用宏观多孔介质流动力学方法进行表征，通常偏离传统的达西定律需要进行推导修正，微观尺度可基于数字岩心进行微纳米级尺度流动模拟，纳米级尺度和分子级尺度上采用分子动力学等分子模拟方法。

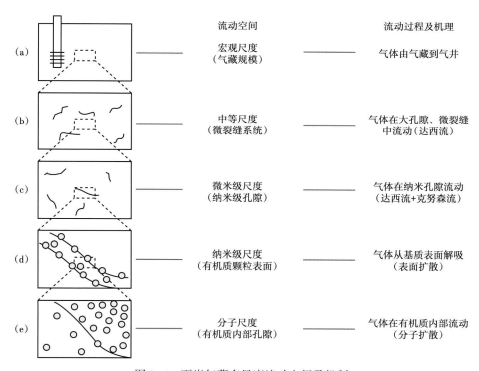

图 2-5　页岩气藏多尺度流动空间及机制

三、天然裂缝表征

天然裂缝系统对于页岩气开发而言具有重要意义。一方面，在钻井时如果遇到规模较大的天然裂缝带会造成钻井液漏失，甚至出现落鱼等钻井事故；另一方面，天然裂缝发育的位置对于水力压裂而言又会产生明显的影响，如影响加砂量的多少。因此，开展天然裂缝建模在页岩气开发中具有重要作用。

页岩气储层中的天然裂缝系统既是储集空间又是渗透通道，因此天然裂缝发育程度是制约页岩气开采效应的关键因素。关于天然裂缝基础参数表征主要通过地质方法地球物理方法获得，如利用野外露头、钻井岩心和岩样薄片等地质数据通过计算获得裂缝体积密度及产状等基础参数；根据测井对裂缝的响应机理，利用测录井资料获得裂缝方位与倾角等参数；利用地震属性体分析、反演等技术综合预测天然裂缝展布及裂缝参数。同时大量研究证明仅通过几何参数表征天然裂缝是不充分的，不能描述裂缝间的拓扑结构，需要构建裂缝网络综合表征方法以评价缝网联结程度。天然裂缝建模是反映裂缝的表征参数和裂缝空间分布的三维定量模型，它既能反映裂缝的分布规律（包括拓扑结构），又能满足压裂和气藏数模的需求。针对页岩气天然裂缝呈现的离散、不规则分布特征，相比于等效连续模型，离散裂缝网络模型（DFN）是一种先进建模方法，能够表征任意尺度上的非均质性。该模型显式地将裂缝表征为裂缝片，根据特征相似性构成裂缝组，再形成裂缝网络，如何合理地表征裂缝的空间分布和配置关系是 DFN 方法的核心。

考虑不同资料录取条件和断裂—裂缝尺度，通常将裂缝划分为三个尺度：

（1）大尺度裂缝：工区内的几条大断层，受区域构造运动控制，可延伸 5~10km，多数为北东—南西向，少数为北西—南东向，在地震剖面上，同相轴上错断一到多个同相轴，在地震剖面上易识别；

（2）中尺度裂缝：工区内结合蚂蚁体解释的断层（或裂缝带），受大断层控制，平面上延伸从几十米至几百米，主要方向为北东—南西向、北西—南东向和近南北向，在地震剖面上，同相轴表现为产状变化（扭曲）或振幅变化（变弱），地震剖面上可见，但"蚂蚁"体追踪结果较地震剖面更清晰；

（3）小尺度裂缝：微裂缝，受断层和小型褶皱控制，为米级别或小于米级，成像测井及岩心可见，地震资料难以分辨，可通过裂缝建模来进行模拟。

裂缝地质模型是反映页岩气藏中裂缝的表征参数和裂缝空间分布的三维定量模型，既能反映裂缝的分布规律，又要满足气藏工程研究的需要。如何综合运用岩心、测井解释、地震、动态、数值模拟等各项裂缝研究成果建立合理的裂缝三维地质模型是页岩气开发评价的关键和前提条件。

四、体积压裂

1. 水力压裂技术

页岩内部具备足够的通道以使天然气流入井筒，产至地面。在页岩中，气源岩中裂缝引起的渗透性在一定程度上可以补偿基质的低渗透率。因此将页岩作为开采目标的作业者应综合考虑系统渗透率，即有页岩基质和天然裂缝形成的综合渗透率。为了更好地利用储层中的天然裂缝，并使井筒穿越更多的优质储层，页岩气作业者广泛应用水平井钻井和水力压裂技术，压裂使得更多的页岩范围暴露在井筒的压降条件下，页岩中水平井周围紧密排列的水力压裂缝能够加快天然气的流动速度。

诚如 Abou-Sayed 在《Reservoir Stimualtion》第三版前言所言，水力压裂技术是提高天然气产量的有效方法"Hydraulic fracturing—A technology for all time"。水力压裂在20世纪40年代在美国堪萨斯州实验成功伊始并未受到重视，自20世纪50年代进入迅速发展阶

		地质特征图例	成因	分布特征	规模	断距	地震资料特征	地震资料图例	研究方法	油气藏研究意义
小尺度裂缝	微裂缝	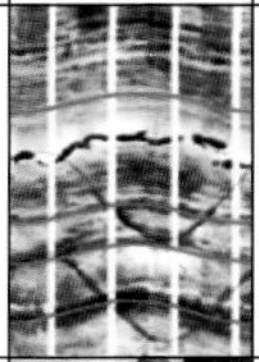	褶皱、断层作用、沉积、成岩作用	网状分布，具有一定方位性	米级及小千米级	无断距或极小	地震资料无法识别	地震资料无法识别	成像及各向异性测井，岩心分析，岩石力学研究，裂缝建模	在碳酸盐岩、火成岩、致密砂岩等油气藏及页岩气中起建设性关键作用
中等尺度裂缝	裂缝（带）节理（带）		构造作用、沉积、成岩作用	带状分布，沿某一方向延伸较远，部分节理特征分布受岩相分布范围控制	几十米至百米级	米级别	同相轴振幅变弱，道集呈现AVO特征	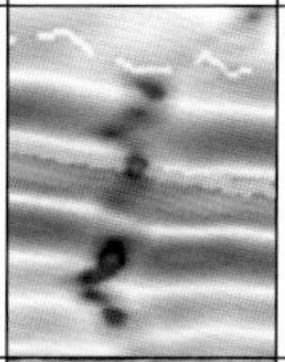	"蚂蚁"体，各向异性反演	既可以起破坏性作用，也可以起建设性作用（通过钻井的优化设计，可以起建设性作用）
	小断层		构造作用、沉积、成岩作用	线状分布，或大断层附近规律性分布	几十米至百米级	米级别	同相轴扭曲，分叉	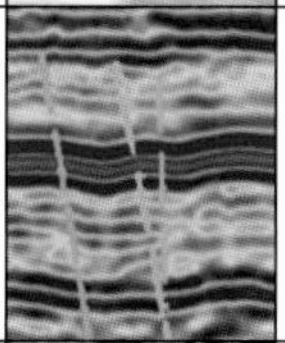	相干，"蚂蚁"体	
大尺度裂缝	大型断层		区域构造运动	线状分布	数千米至数十米级	几十米至千米级别	同相轴明显错断，水平时间切片横向突变	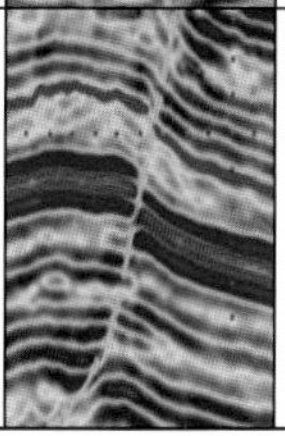	地震资料解释	通常起破坏作用，早期的大型断层可能作为油气运移的通道

图2-6 天然裂缝分尺度特征

段，60年代人们开始有针对性地使用压裂技术，改进支撑剂及开发化学添加剂，70年代发展量化和优化压裂施工程序，80年代重点发展压裂监测技术提高压裂效果，90年代在地层酸压、水平井压裂等方面取得进展，到了21世纪初发展形成了体积压裂技术（Stimulated reservoir volume，SRV），这是页岩气开采的关键技术之一。目前长宁和昭通地区通用的做法是2007年发源于马塞勒斯页岩气的"工厂化"水平井体积压裂及生产管理模式（图2-7）。

（a）长宁H3平台压裂施工现场

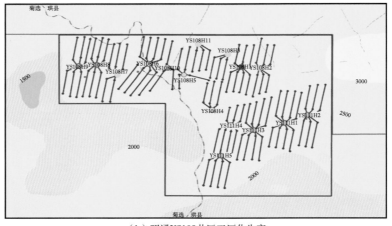

（b）昭通YS108井区工厂化生产

图2-7　长宁体积压裂—昭通工厂化开发示意图

　　体积压裂指通过压裂将有效储层集体"打碎"，形成网络裂缝，使裂缝壁面与储层基质的接触面积最大，缩短油气从基质到裂缝的渗流距离，极大地提高储层整体渗透率，实现对储层在长、宽、高三维方向的"立体改造"，最终能够最大限度地增大泄气体积，提高单井产量。体积压裂与传统压裂的区别见表2-2。

表 2-2 体积压裂特征对比

传统压裂改造	体积压裂改造
在最小主应力的垂直方向形成对称的两条裂缝,以沟通地层深部(含裂缝)与井筒的联系,同时扩大泄气面积,从而增加单井产量和提高采收率	在水平井筒周围地层压裂形成密集的裂缝网络,以增大泄气面积、缩短所动用储层内部气体运移到裂缝的距离,提高单井产量,提高采收率
避免压出多缝,保证单缝形成,以控制缝高、缝长(为主)缝宽为主要目标	以在多个方向上形成多条裂缝构成密集裂缝网络
必须加够压裂砂;排除压裂干扰	压裂中不必全过程加砂(可采用清水压裂);充分利用干扰
充分利用地应力与地层岩石破裂规律,形成所需的单缝	充分利用地应力与地层岩石破裂规律,配合各种专有技术形成所需的裂缝网络
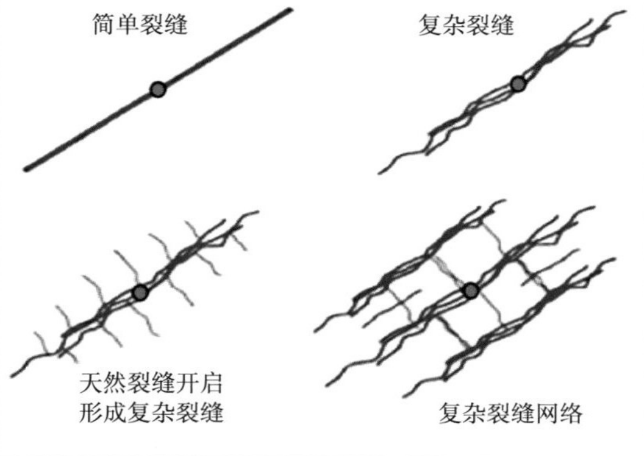	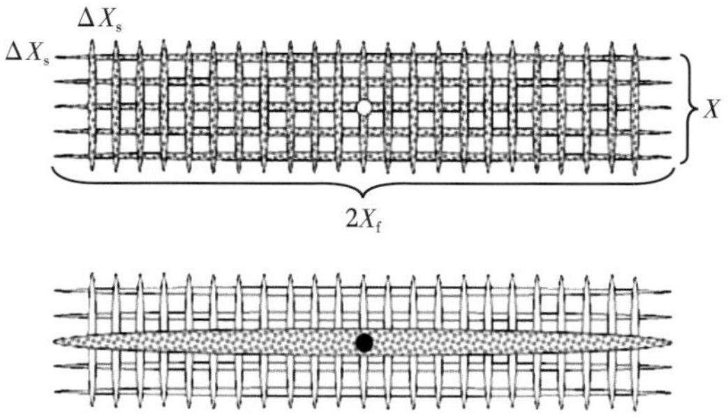

目前普遍认为页岩气高效开发的关键是在目的层位形成连通性较好的复杂裂缝网络,在压裂过程中尽可能多地连通天然裂缝和二次发育的诱导裂缝,使得渗透率极低的基质在扩散作用下释放吸附气与游离态的自由气通过裂缝的沟通流入井筒,提高储层整体流动能力,尽可能地增大页岩储层改造体积,最终形成一个相互连通的气藏。

2. 裂缝扩展模拟

分段压裂水平井技术通过沿井筒分段、分簇同步压裂,利用裂缝间的相互干扰形成复杂的裂缝系统,这也是形成体积压裂的基础。水力压裂技术是页岩气开发的关键技术,压裂后的裂缝形态取决于水力裂缝与天然裂缝的相互作用,天然裂缝为地质不连续面对人工裂缝扩展有决定性影响。人工裂缝逼近天然裂缝可能贯穿或转向天然裂缝扩展甚至形成多分支缝,Gu 提出了判别标准用以确定水力裂缝与天然裂缝在非正交条件下的作用[20,21]。如图 2-8 所示,当水力裂缝与天然裂缝相遇时会出现多种情况[22]:(1)水力裂缝终止,天然裂缝扩展;(2)水力裂缝穿过天然裂缝扩展,天然裂缝保持静止;(3)水力裂缝和天然裂缝同步扩展。

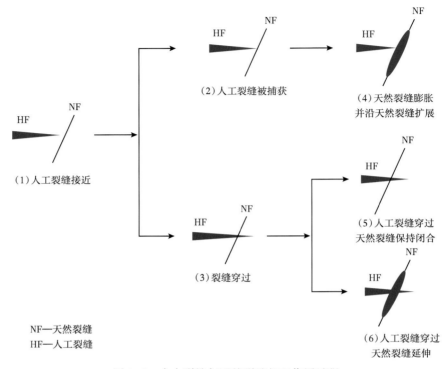

NF—天然裂缝
HF—人工裂缝

图 2-8　水力裂缝与天然裂缝相互作用过程

Teufel（1979）、Blanton（1982）、Renshaw 和 Pollard（1995）及 Gu 等（2011）通过实验室实验研究了不同角度的摩擦界面并在各种应力条件下确定其对裂缝传播阻滞或转向的影响。研究表明，穿越交叉、转向和偏转是可能的结果。数值分析研究也同样关注水力裂缝与无黏性摩擦界面之间的相互作用。水力裂缝与封闭的、胶结的天然裂缝之间的相互作用可能导致三种不同的传播路径（图 2-9），其中，

（1）路径 1：水力裂缝（粗实线）向天然裂缝（虚线）逼近但不相交；

（2）路径 2：水力裂缝越过天然裂缝，不中断，继续向前生长。天然裂缝无影响，水

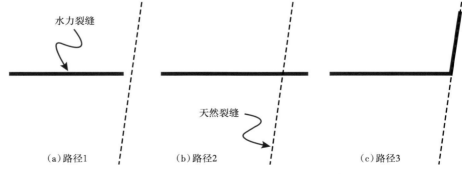

图 2-9　水力裂缝与天然裂缝间的交集三种情况

力裂缝在平面中的传播没有中断，保持垂直于最小水平应力的方向。断裂交叉可能是天然裂缝中的高强度胶结物（相对于基质强度）、不利的天然裂缝方位或压裂压力不足以克服垂直于天然裂缝的应力的结果；

（3）路径3：水力裂缝被天然裂缝中断生长，天然裂缝被重新激活，使得流体沿天然裂缝分流。当水力压裂裂缝与天然裂缝相交时，水力裂缝发生偏转，流体完全转向天然裂缝系统。天然裂缝开启是因为它呈现出水力裂缝径直向前沿阻力最小的路径传播，也可能是因为天然裂缝胶结强度小于均质岩体的岩石强度。

体积压裂形成的压裂（网络）几何形态主要由岩石力学性质、地应力、压裂液的流变性质和局部非均质（天然裂缝和弱应力面）决定，若要获得较为可靠的裂缝形态描述，要综合应用岩石力学、断裂力学和流体力学等共同分析人工裂缝的扩展规律[6]。

3. 缝网形态表征

在不同的地质力学参数、地应力场和压裂参数控制下，形成不同形态的人工裂缝—天然裂缝网络。根据裂缝形态描述类型的不同，可将压裂后的裂缝网络分为：平面对称双翼缝网模型、正交线网模型和复杂缝网模型（表2-3）。

表 2-3 裂缝网络分类表

分类	双翼对称缝网 （平面 Planar）	正交缝网 （线网 Wire-mesh）	复杂缝网 （非常规裂缝模型 UFM）
裂缝 模型	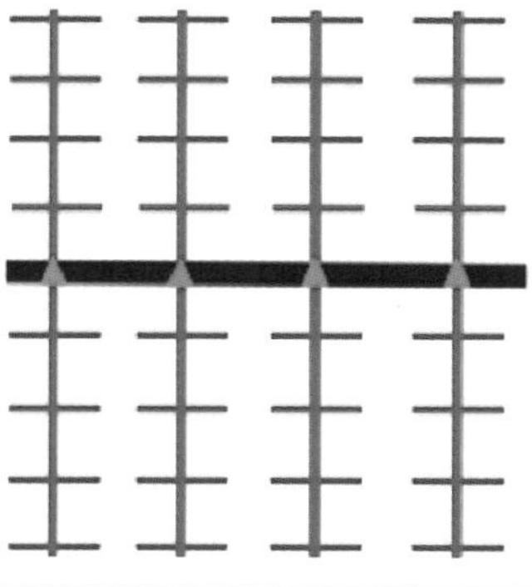	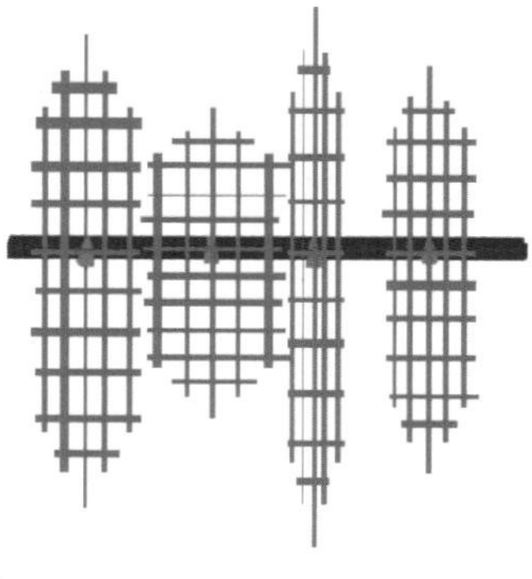	
数学 模型	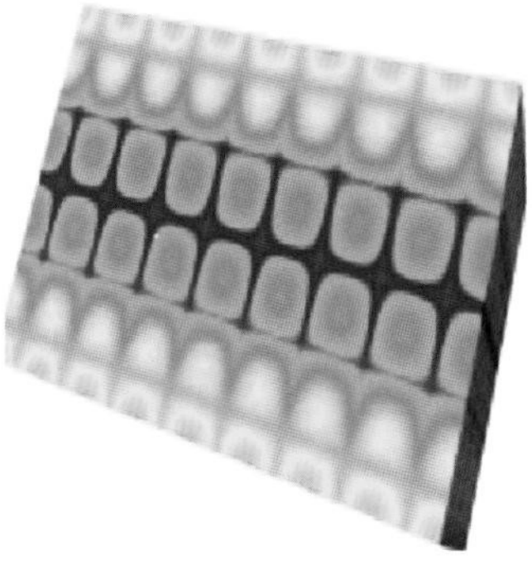		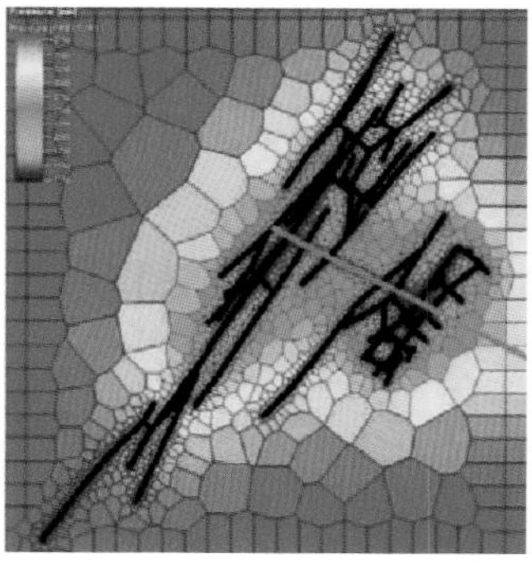

1）平面对称双翼缝网模型

平面对称双翼缝网模型是在直角网格的基础上，根据等效渗流理论，假设复杂缝网是由一系列正交的主裂缝、次裂缝有规律的组合而成，把复杂缝网简化为规则缝网，用主裂缝、次裂缝的长度、宽度和导流能力等参数表征缝网特征，利用数值软件即可进行数值模拟计算与预测体积压裂水平井产能。该方法由于既考虑了体积压裂主裂缝、次裂缝，又能较快捷地被现成的商业软件实现。

2）正交缝网模型

正交线网模型是用等效网格渗透率来表征裂缝网络，以主裂缝为缝网系统的主干，分叉缝在主缝延伸一定长度后恢复到原来的裂缝方位，形成以主裂缝为主干的纵横"网状缝"系统。按照缝网平面形态，可分为矩形正交线网和椭圆正交线网模型。其中，矩形正交线网模型基于线性流思想，假设压裂主裂缝、次裂缝形成规则的矩形缝网形态。正交线网模型由于假设主裂缝、次裂缝穿过整个储层厚度，形成规则的正交网状系统，模拟的缝网几何形态较为理想，因而使用时具有较大的局限性。

3）复杂缝网模型

复杂缝网模型将缝网系统简化为多裂缝或交错分布的形态，包括三维的线网模型、二维的离散模型及随机分布的多裂缝模型，明确定义了模拟区域内每一条裂缝的位置、产状、几何形态、尺寸、宽度及孔渗性质等。

五、生产机理模拟

对于裂缝生产问题的研究首先集中在如何利用数学手段描述由压裂水平井中引起的流动流体过程，并定量分析各影响因素对不稳定压力/产量的影响，同时识别不同生产阶段由裂缝属性决定的压力和产量特征[23]。

不同流动空间内的流体在分区接触面上进行物质交换，从而形成完整的耦合流动过程。体积压裂区域内存在的复杂裂缝网络系统对非常规油气藏的动态分析有重大的影响，数值、解析和半解析方法已经被广泛运用于模拟复杂裂缝网络系统中流体的流动状态（表2-4）。

从20世纪60年代开始，国内外学者就开始了裂缝性储层值模拟的研究工作。但由于裂缝的复杂性和强非均质性，研究难度极大，结果仍不尽人意。目前，裂缝性储层数值模拟方法主要可分为两类：一类是以Warren和Root模型为代表，将裂缝大尺度平均化、避免单独处理裂缝的"连续介质模型"；另一类是可以准确描述每一条裂缝特性的"离散介质模型"，Noorishad和Mehran于1982年最早提出了一种求解"离散介质模型"的有限元法。

1. 连续介质模型

连续性介质模型是目前应用最为广泛的流动数学模型，是一种等效介质模型。该模型假设页岩由裂缝和基质岩块两种孔隙系统构成，气体在裂缝中以游离态形式存在，基质岩块中不仅存在游离态气，还有部分气体吸附在基岩孔隙表面。气体在裂缝内流动为达西流或高速非达西流，基岩孔隙中则是克努森扩散和黏性流。

表2-4 页岩（裂缝性）介质流动数学模型总结表

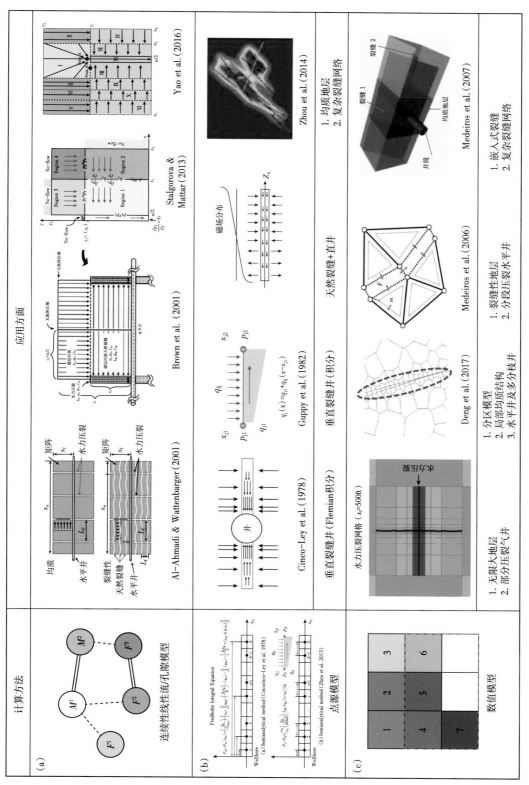

连续介质模型根据介质种类的多少又可分为单重介质模型、双重介质模型和多重介质模型。根据研究目的的不同，把双孔单渗模型又细分为标准双孔单渗模型（DP）、多重相互作用的双孔单渗模型（MINC）、垂向加密双孔单渗模型（VR）。DP模型也是最简单的双孔单渗模型，其流体流动包括相邻网格之间裂缝到裂缝的流动、同一网格内基质到裂缝的流动及裂缝到井筒的流动。MINC模型把基质块又细分成几个相互嵌套且连通的单元，其中流体流动在DP模型的基础上，增加了基质网格内嵌套单元之间的流动。VR模型在纵向上将基质网格细分为若干小层，可以精细模拟基质到裂缝的重力排驱过程和流体相态分异现象，其中流体流动在DP模型的基础上，增加了基质网格块内相邻小层之间的流动。

该模型要求裂缝全局均匀分布且相互连通性好（即研究区域尺度远大于表征体元），过度简化的裂缝粗化方法产生额外的裂缝连接关系，无法描述裂缝内部流体流动，重点研究宏观尺度区域内的渗流特征，要求裂缝（系统）在区域内全局分布且连通性较好，难以刻画单条裂缝的微观渗流特征，然而页岩压裂后形成的裂缝网络具有跨尺度性，气体在不同尺度内遵循不同的传质规律，直接影响气藏数值模拟精度。

2. 离散介质模型

为了克服连续介质模型的局限性，离散介质模型受到了国内外学者的广泛关注。离散介质模型可以根据裂缝实际分布情况，赋予每一条裂缝特定的参数，更加真实的描述裂缝非均质性。目前，离散介质模型主要包括离散裂缝模型（Discrete Fracture Model，DFM）、嵌入式离散裂缝模型（Embedded Discrete Fracture Model，EDFM）和离散裂缝网络（Discrete Fracture Network，DFN）模型。其中DFN模型来源于地下水动力学，认为基质岩块是不渗透的，流体仅在裂缝网络内流动；DFM模型则考虑了基质的渗透率，流体同时在基岩和裂缝中流动[62]。

DFN模型和DFM模型需要依靠非结构化网格（如三角形网格、PEBI网格等）描述裂缝形态的模型，由于网格的精细划分，引起计算网格剧增、计算量大、效率低，在处理复杂裂缝网络时灵活性及适用性大大降低。EDFM是基于结构化网格的嵌入式离散裂缝模型[63]，EDFM方法即避免了非结构化网格剖分的复杂性及伴随的算法不收敛性，又保证了裂缝—裂缝、裂缝—基质间的流动模拟精度，在高效模拟任意复杂裂缝网络产能方面具有明显的技术优势。

页岩气井生产机理仍未厘清，页岩发育微裂缝，水力压裂形成了宏观大尺度裂缝，裂缝系统具有多尺度特征。目前较为普遍的做法是采用连续介质模型和离散裂缝模型来描述基岩与天然微裂缝，采用离散裂缝模型模拟大尺度压裂缝中的流体流动。

第二节　面临的优化目标

页岩气开发评价工作中面临的主要问题包括储层非均质性强、天然裂缝发育、水力裂缝复杂、产能主控因素不清、开发方案优化难度大等。在勘探开发过程中面临着四大优化难题，包括：

（1）部署阶段：最优水平井井距；

（2）钻井阶段：最优水平井箱体层位；

（3）完井阶段：最优完井压裂方案；

（4）投产阶段：最优生产制度方案。

目前，综合考虑储层品质和完井品质，结合地质构造与压裂施工条件限制，将储层物性和完井参数相近的层段划分为同一压裂段并优选射孔位置以降低压裂段内的应力差异，可以最大限度地增加储层压裂改造的均匀性与有效性。因此，通过控制同一压裂段内的应力差异可以解决完井压裂方案的优化问题。余下的三个问题需要重点研究，以制订最优的开发技术政策参数体系。

一、靶体优化问题

由于四川盆地五峰组—龙马溪组海相页岩水平层理发育，限制了压裂裂缝缝高延伸，只有选准靶体才能保证井筒附近层位得到充分改造。通过不断探索水平井箱体位置，可以对比不同靶体层位的产能测试数据，获得优化的靶体层位。以长宁—威远页岩气示范区为例，在第一轮开发过程中水平井靶体位于龙一$_1$亚段下部，距页岩底部较高，产能建设实施效果一般（图2-10），长宁和威远地区的井均测试日产气量分别为 $10.9 \times 10^4 m^3$ 和 $11.6 \times 10^4 m^3$，井均 EUR 分别为 $0.53 \times 10^8 m^3$ 和 $0.41 \times 10^8 m^3$；第二轮+第三轮实施过程中，通过优选纵向上的地质"甜点"和工程"甜点"，将水平井靶体下沉至五峰组—龙一$_1^1$层，产能建设效果明显好于第一轮，测试日产量、井均 EUR 均有所提高。在长宁区块，建产区最佳靶体位置优选到龙一$_1$亚段 1~2 小层，箱体高度 5m，保证单井效果最好，从 2014 年 Ⅰ 类井+Ⅱ 类井比例 25%，提高到 Ⅰ 类井比例 100%。

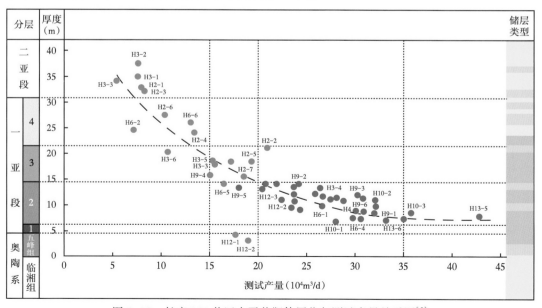

图 2-10　长宁 201 井区水平井靶体层位与测试产量关系图[5]

如何结合地层结构特征和实际压裂效果，从动用程度的机理方面，准确预测最优靶体层位是关键问题。

二、生产制度优化

对于气井生产制度问题，开发实践表明控压生产下单井累计产量(EUR)具备大幅度提高的潜力[24,25]。选取某建产区工程参数和地质参数相近，但生产制度不同的两口井进行分析，其中 HD 井采用短期控压(可近似认为放压)，MD 井采用长期控压生产。从表 2-5 所示的工程参数角度看，HD 井的压裂段长度和压裂段数略次于 MD 井，但其压裂加砂量是 MD 井的 1.5 倍，明显占优；优劣相抵，可以认为两口井的储层改造程度相近。地质上，龙马溪组的优质页岩层位为龙一$_1$亚段，其中又以龙一$_1^1$小层和龙一$_1^3$小层为最优，这两个层位是水平井钻进的最优靶位。

表 2-5　HD 井和 MD 井工程参数对比表

井号	生产方式	水平段长度(m)	压裂段长度(m)	压裂段数	加砂量(t)
HD 井	放压(短期控压)	1510	1318	18	1673
MD 井	控压	1605	1568	22	1101

从生产动态信息分析(图 2-11)，HD 井前三个月压降速率为 0.278MPa/d，MD 井仅为 0.13MPa/d，但采用控压制度的 MD 井前三个月单位压降采气量为 $64.7 \times 10^4 \mathrm{m}^3/\mathrm{MPa}$，

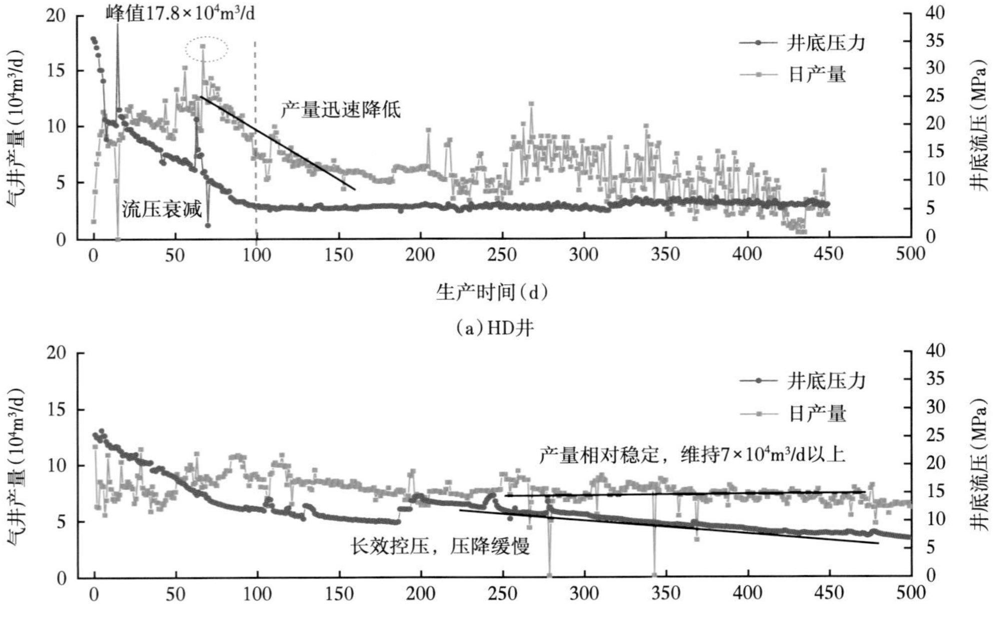

(a)HD井

(b)MD井

图 2-11　MD 井与 HD 井生产效果分析

远高于采用放压制度 HD 井的 $37.8 \times 10^4 m^3/MPa$，相差 1.7 倍；当生产时间达 1 年时，这种差异更为明显，相差倍数将放大到 2.0 倍。从目前生产效果看，HD 井的实际产能反而低于 MD 井，造成此种差异的一个重要原因在于生产制度选择的不同：HD 井放压投产，而 MD 井控压投产。长期 EUR 预测结果显示，在 4.5 年之前 HD 井累计产量要高于 MD 井，随着时间推移，控压生产优势开始显现，最终 MD 井的 20 年累计产量为 $0.835 \times 10^8 m^3$，而 HD 井的累计产量为 $0.636 \times 10^4 m^3$，是 HD 井的 1.31 倍。

因此，从机理分析上，制定何种气井配产制度，保证裂缝长效开启，是减缓产量递减、提高 EUR 的关键。

三、井网井距优化

国内外页岩气开发者采用理论模拟和现场试验等手段论证合理井距和井网模式[26-28]。虽然"小井距、密井网"已成为北美地区各页岩气田主流的开发方式，但同层内部署小井距井网可能导致严重的压窜风险和强烈的井间干扰，而部署立体井网却能够在有效提高平面间和层段间地质储量的同时缓解压裂、生产过程中的井间应力阴影及压力干扰[29]。

页岩气井网井距模式研究中的核心问题是平衡好井网井距与体积压裂的匹配关系。在美国二叠盆地井网加密的实施过程中，大量生产实践表明母井生产将引起压力波及范围内的地应力方位角及大小发生不同程度变化，直接影响加密井的部署[30]。相比于美国采用的"滚动开发"模式，中国川南地区页岩气通常采用一次性井网整体部署方式开采，为了确保一次性部署的可靠性，不同学者基于地质—工程—经济一体化的流程根据不同模拟手段来优化页岩气水平井距。

如何准确表征三维人工裂缝形态及延伸范围，精确模拟压后复杂缝网产能特征是论证立体井网开发效果的关键。

第三节　井间干扰及合理井距

一、井距现状及发展趋势

水平井井距是页岩气经济高效开发的核心参数之一，通过对水平井和裂缝参数优化设计使得页岩气藏开采过程中储量动用程度最大、净现值达到最高，其中涉及两个关键问题，一是压裂过程中的井间应力干扰，二是生产过程中的井间压力干扰，同时最优井距也取决于压裂主体技术与储层条件的匹配程度，以及作业者采用的商业模式。

井距被认为是两口水平井之间的距离，井网密度（WPS）是指 $1mile^2$（640acre）范围内的水平井数[31]，井网密度与井距的转换关系见表 2-6。

根据美国能源信息署（EIA）于 2011 年和 2017 年公布的北美主要页岩气田的平均井距数据，绘制如图 2-12 所示的井距累计概率分布曲线[13]。设定累计概率 $P_{10} \sim P_{90}$ 为置信域，对应的水平井井距在 200~430m 之间。对比 2011 年，2017 年井距数据中 180~350m 井距比例增加明显，70%气井井距小于 350m。同时 2017 年井距平均值和中值较 2011 年也都有所下降，说明近年来北美地区页岩气有采用小井距开发的趋势，但最小井距不会低于 180m。

表 2-6 井距与井网密度换算表

井网密度	口/mile²	1	2	3	4	5	6	7	8	9	10	15	20
	km²/口	2.59	1.30	0.86	0.65	0.52	0.43	0.37	0.32	0.29	0.26	0.17	0.13
井距	ft	5280	2640	1760	1320	1056	880	754	660	587	528	352	264
	m	1609.0	804.5	536.3	402.3	321.8	268.2	229.9	201.1	178.8	160.9	107.3	80.5

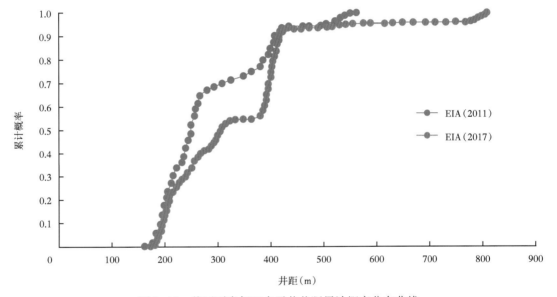

图 2-12 美国页岩气田水平井井距累计概率分布曲线

根据美国马塞勒斯（Marcellus）、尤蒂卡（Utica）、海耶斯维尔（Haynesville）、鹰滩（Eagle Ford）和巴内特（Barnett）五大页岩气主产区统计数据（表 2-7），2017 年页岩气田水平井井距范围集中在 201~365m，相比于 2011 年都有较为明显的降低，其中鹰滩气田采用立体交错井型开发模式，井距较 2011 年降低幅度最为明显。

表 2-7 北美页岩气田水平井（平均）井距累计概率分布曲线

年份	水平井井距（m）					
	马塞勒斯	尤蒂卡	海耶斯维尔	巴内特	鹰滩	平均
2011	334	429	268	322	402	351
2017	201	365	221	235	244	250

目前"小井距、密井网"成为北美各页岩气田的主流开发方式，在页岩气开发过程中往往采取初始大井距、后期加密的滚动开发方案来保证气井的生产效果，导致井距呈现不断减小趋势[31-34]。在加密过程中，储层体积改造措施会导致母井和子井之间产生显著的应力干扰，不但新井达不到预期产量，老井生产动态也会受到影响，形成"1+1<2"的开发效果。合理井距条件下，多井同时生产时形成的压力干扰，单井 EUR 降低幅度较小，同时区块采收率或经济效果得以提升。

图 2-13 给出了马塞勒斯页岩气中人造缝网总面积随井距变化的情况：（1）当井距足够大时，井间应力干扰可忽略，裂缝延展几乎不受抑制，随着井距减小，相邻井形成的缝网开始重叠、应力干扰，相应的缝网面积随之降低；（2）随着井距进一步降低，缝网面积开始急剧下降，标志着强井间干扰程度，此时可能发生压窜；（3）将两种递减趋势线的交点定义为最优井距，最优井距条件下允许一定程度的干扰，以提高井间裂缝产能。图 2-13 中的最优井距约为 305m。

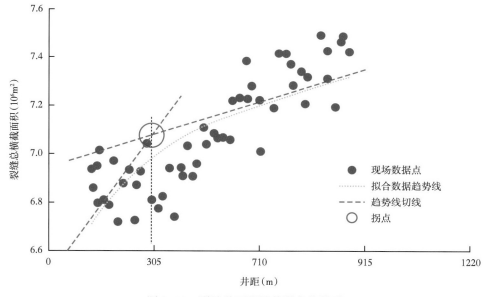

图 2-13 裂缝总面积随井距变化关系

图 2-14 提供了不同井距对应的裂缝延展模拟结果，在目前井距下井间重叠范围非常小，即水力裂缝沟通能力有限，证明井间区域并没有得到有效改造；在最优井距条件下，裂缝出现一定程度的重叠部分，同时井的产能并不会出现较大幅度的降低。

井距设计既要考虑到对开发面积的全面覆盖，又要保证压力波及区域内较低的缝网重叠程度及各井段间井间干扰程度。因此，井距优化的本质就是平衡压裂过程中的应力干扰和生产过程中的压力干扰，压裂过程中保证缝网延展、缝网导流能力最大，生产过程中提高井间储量动用程度、气体流动效率。

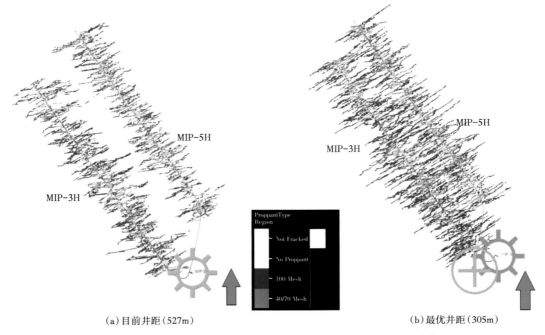

MIP-5H

MIP-3H

（a）目前井距（527m）　　　　　　　　　　　　（b）最优井距（305m）

图 2-14　不同井距条件下裂缝延展及支撑剂分布模拟结果[35]

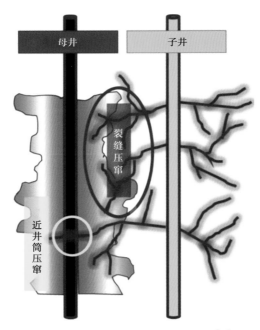

图 2-15　近井筒和裂缝压窜示意图[38]

二、井间压窜机理及影响

井距优化过程中常常伴随着压窜现象，其定义为气井压裂作业形成的裂缝延伸至邻井区域而出现的扰动信号（如产量、压力或井筒形变）。在直井中，压窜并不常见，但在低渗透地层（如页岩）内完井方式转变为小井距的多级压裂水平井时，压窜事件的概率大幅度升高。

压窜可以分为近井筒压窜（NWB fracture hits）和裂缝压窜（PRV fracture hits）两种类型[36]（图 2-15），同时压窜又可以进一步分为：（1）压裂液缝压窜[37-38]（压裂过程中压裂液充填形成的水力裂缝延伸至邻井井筒，邻井出现压窜信号，裂缝空间内无支撑剂填充）；（2）支撑缝压窜[39-41]（连通裂缝由支撑剂填充，影响气井长期产能）（图 2-16）。

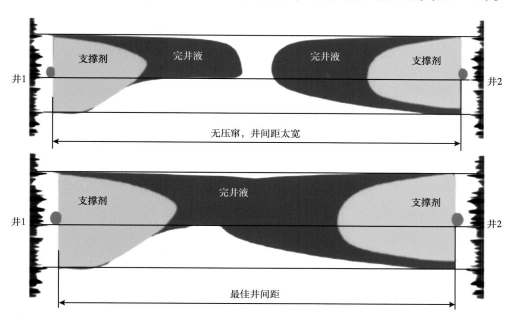

图 2-16 压裂液缝和支撑剂缝示意图[31]

影响井间压窜的因素较多，包括地球物理参数（高渗透性页岩层理、矿物成分、基岩渗透率和天然裂缝）、岩石力学参数（地应力、杨氏模量、泊松比）、完井参数（段数、段距、泵速、入地液量、支撑剂量）和开发技术参数（井距、压裂方式）[39]。在开发实践中，井距指标与压窜紧密相关，井距小时易造成井间应力阴影增加显著，容易形成应力旋涡，增加了邻井间压窜风险。压裂过程中的压裂流体干扰最远可超过 1000m。当井间距小于300m，井间干扰加剧（表现为更多压裂级间存在明显干扰）[28]。体积压裂形成的缝网与地层接触面积是井距优化的直接依据。随着井距减小，相邻井出现压窜现象，形成的缝网开始重叠、干扰；生产过程中多井同时投产发生压力干扰，出现"抢气"现象。井间压窜是一种重要的井距优化指标，在不同的投产阶段，井间干扰类型不同。表 2-8 提供了不同阶段的井间干扰类型。

表 2-8 不同生产阶段的干扰类型

类型	干扰类型	发生阶段	影响程度
压裂干扰	压窜	压裂过程	压裂液窜流，最大井距
生产干扰	压力干扰	生产或压力测试	存在压力干扰响应
	短期干扰	反排及生产早期	影响时间短
	长期干扰	全生命周期	影响单井 EUR

压裂过程中出现的压窜多是压裂液形成的裂缝通道，其形成的裂缝连通通道只在压裂期间张开，裂缝压力释放后会快速闭合，或持续一段时间闭合速度较慢，即压窜或压力干扰对应的强井间连通并不能持续气井整个生产历史。短期的生产干扰并意味着长期 EUR 的降低，长期 EUR 能够很好地表征井间干扰效益。BHP 公司调研了海耶斯维尔页岩气井压窜对生产的影响，压窜具有一定负面作用，但其积极作用远大于负面影响比例，主要原因压窜能够补充能量和充分动用井间储量。同时压窜缝在生产（返排）过程中将逐渐闭合、失去作用，压窜对井间压力干扰有决定性影响，直接影响特征段分析解释结果。在压裂过程中，通过观测"压裂液是否窜流、泵压是否突变"等现象判断井间是否压窜；在生产过程中，通过实施干扰试井或生产动态分析判断井间连通情况，只有压窜时两口井间才会在测试或生产周期内出现干扰信号。因此对压窜的认识是进行井距优化前提。

需要指出的是，川南页岩气中的压窜与北美地区的压窜意义不同。北美采用初期大井距后期加密的"滚动开发"方案，可以降低开风险、保证第一批次气井的生产效果，但由于老井生产导致的压力降低将改变周围地应力（应力大小/方向）分布，后期加密钻井压裂会导致老井与新井的"应力阴影"叠加更易形成压窜，压窜对新井有负面影响，新井生产动态远低于预期，而对老井影响暂不确定，整体上形成"1+1<2"的开发效果[26,41]。川南地区页岩气井网井距采用一次性部署原则，不存在老井和新井的区别，一定程度上可以降低压窜风险[40]。2014 年长宁、威远开发方案水平井间距为 400~500m，2017 年优化后井距为 300~400m，昭通黄金坝、紫金坝地区的井距为 300~400m，与海耶斯维尔页岩气区的主体井距基本相当。与北美地区相比，川南地区天然裂缝更加发育，采用高强度加砂技术提高 EUR 时，增加井间压窜风险。长宁区块近期完成的长宁 H20 平台下半支 3 口井井间距为 300m，压裂过程中多段见到井间干扰现象，威远区块 20 口井受压窜影响初期日产量平均下降 40%左右，其中威 204H4 平台、H5 平台上半支共计 9 口井平均井距 260m，最小为 150m，压窜后平均日产量仅为 $2\times10^4m^3$。

三、井距优化影响因素

合理井距或最优井距的确定具有很大的不确定性。井距受矿权面积、地质参数、流体属性、钻完井设计、体积缝网形态和生产管理制度等因素影响，取决于完井压裂主体技术与地层储层条件匹配程度以及所采用的商业模式，地面—地下信息的不透明和经济模式的不确定导致井距变化趋势不显著。井距优化的气藏工程意义在于，在保证单井有效泄流体积的基础上，尽可能地动用井间储量。页岩气井距共存在三种基本部署模式（图 2-17）：

（1）模式 1：主裂缝长度分布范围过大，导致部分人工裂缝形成沟通。当有限条裂缝压窜时出现井间干扰信号，易误判为井距过小依据，实际仍有井间大量储量剩余；

（2）模式 2：保守型部署模式，即两口井间距足够大、无人工裂缝压窜现象，导致生产周期内井间干扰程度极低，但大量井间储量未动用。该模式多出现在北美页岩气开发早期阶段，后期进行大量井网加密；

（3）模式3：即最优模式，裂缝长度分布较为一致，井间压窜程度低，而且井间储量基本处于 SRV 覆盖范围。

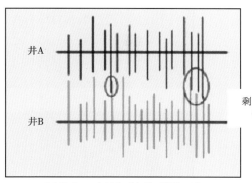
（a）模式1：由压窜引起的"假"干扰

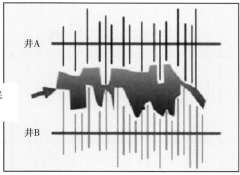
（b）模式2：大井距导致大量储量未动用

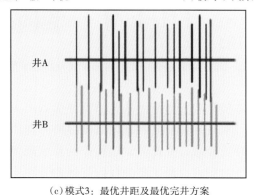
（c）模式3：最优井距及最优完井方案

图 2-17　井距部署模式[35]

开发井距决定着井间干扰方式及干扰程度，合理井距能够平衡区块采收率和单井累计产量的关系，而合理井距主要通过气藏模拟、现场试验和经济评价综合确定。井距偏大，井间储层难以得到有效体积改造，造成剩余储量可能永远留在地下；井距减小时虽然提高了井间储量动用程度，但压裂干扰风险加大，压力干扰也将加剧，即使采用交错布缝方法，也会严重影响开发效益（图 2-18）。如马塞勒斯页岩气田，数值模拟结果表明，开发井距从 640m 调整到 320m 时，井间干扰强度增加，平均单井 EUR 降低 57%，而整体储量采出程度可提高 10%，但从经济评价来看，开发井距 640m 比开发井距 320m 时经济效益更好。

中国石油长宁—威远、昭通等区块早期采用 400~500m 的开发井距，主要利用微地震监测和机理模型数值模拟确定的，与美国主要页岩气区块开发井距相比（表 2-9），具备进一步优化的空间。

井距优化的落脚点在于单井产能与区块采收率的匹配关系，多井干扰条件下的单井产能为基本研究单元。影响井产能的主控因素众多，主要分为地层参数、流体参数及钻完井

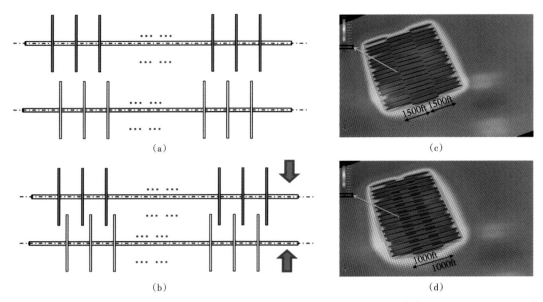

图 2-18　不同井距条件下交错布缝模式及压力场模拟[37]

参数。其中地层参数和流体参数是不可控因素，钻完井参数由工程设计确定，是人为可控因素。从油藏工程角度看，水平井钻完井的目的是在尽可能增加裂缝与地层接触面积前提下，提高裂缝内部的有效导流能力，降低流动过程中的渗流阻力，改善生产效果。对于包括多口压裂水平井的开发平台而言，最主要的设计指标为井距、段距、支撑剂用量、裂缝长度及导流能力等。

表 2-9　长宁区块与美国四大页岩气区块井距对比表

区块	巴内特	海耶斯维尔	马塞勒斯	鹰滩	长宁
水平段长度（m）	1219	1402	1128	1494	1496
天然裂缝情况	发育	不发育	较发育	发育	不发育
两向水平应力差（MPa）	1~2	8~14	6~9	7~11	10~13
单段压裂液量（m³）	2720	1590	1590	2130	1910
单段支撑剂量（t）	129.7	162.3	181.2	112.6	97.8
单簇支撑剂量（t）	32.4	32.5	36.2	28.2	32.6
平均井距（m）	280	260	260	300	400~500

对开发平台设计指标（或称为主控因素、影响参数）优化时的难点主要体现在：一是合理模拟能够充分体现缝间干扰、井间干扰及与地层耦合的裂缝导流影响的生产动态特征；二是厘清主控因素与生产动态的对应关系及主控因素间的关联性。三是算法，计算代价大，尤其是当井数和压裂段数增加时，计算量呈几何倍数增加，不便推广应用。

第四节 气井生产制度优化

一、裂缝应力敏感性

由于页岩储层裂缝网络—基质具有强应力敏感特征，对页岩气井产量影响较大，因此，页岩气井生产制度是提高 EUR 和采出程度的关键因素。近年来随着页岩气等非常规资源的大规模开发，实际生产过程中出现了越来越多井产能陡降的现象，这类问题通常被归结为应力敏感所引起的介质传导能力的下降[42]。

根据有效应力与原地应力和孔隙压力之间的函数关系，井生产所引起的地层压力衰减使得有效应力增加，裂缝中支撑剂将出现不同程度的流失、嵌入和压碎，页岩层状的储层结构和高压力系数也使得流动通道更容易发生变形，流动通道渗透能力的降低现象也更为显著（图2-19）。

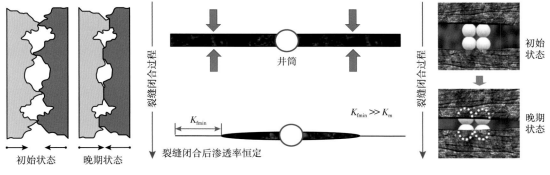

图 2-19 动态裂缝闭合示意图

与常规油气藏一样，非常规油气藏中地层压力的变化也会对周围地应力产生影响。地应力的变化会使岩石基质与裂缝（人工裂缝和天然裂缝）系统发生变形，从而影响储层性质和气井的生产动态。控压和放压生产制度的不同，即生产压差的不同，实质上是地层有效应力的不同。可知，生产压差越大，地层所受的有效应力越大，当应力敏感系数 γ 一定时，有效应力越大，渗透率的损失越大，气井的产能越低。

页岩气开发实践表明，控压限产可以有效提高单井中长期累计产量（EUR）。相比于北美地区的巴内特、马塞勒斯等页岩气藏，海耶斯维尔页岩由于地层压力较高、应力敏感性显著，实际开发过程中广泛采用控压限产方式，大量开发经验也证明了控压生产较放压生产可普遍提高 28% 的单井 EUR[43]。2005 年以来，北美地区的马塞勒斯和巴内特页岩气井采用放压或大压差的生产制度，而海耶斯维尔页岩气田由于地层压力较高（压力系数为 1.6~2.0）及考虑储层强应力敏感性的影响，气井采用控压限产的生产制度进行生产。对于海耶斯维尔页岩气田，由于其原始地层压力较高，且地层压力梯度较小，导致其有效应力较低，约为 1000~2000psi（约 6.9~13.8MPa），当有效应力高于 3000psi（约 20.7MPa）时，渗透率开始出现严重损失现象[44-45]。通过数值模拟方法可以直观地了解不同井底压力对应的平均有效应力场。从分析可知，井底压力越低，即生产压差越大，主裂缝（井眼）附近区域内储层的有效应力越高，由此可以推断在气井的生产过程中，由地应力引起的渗透率损失与平均有效应力之间成正相关关系。

国内长宁—威远、昭通等页岩气示范区的地质条件与海耶斯维尔页岩气区相似，经过几年的现场试验后也开始推广使用控压限产的生产方式。研究结果表明，当气井采用放压方式进行生产时，井底压力很低，生产压差较大，裂缝闭合现象严重，致使裂缝导流能力急剧降低至最小值，且气井在刚开井时的产气量即为峰值，随后逐渐降低，气井无稳产期；在控压生产制度下，气井生产压差逐渐增大至最高值，对裂缝导流能力的衰减起到了有效延缓作用，产气量表现出逐渐增大至峰值后再逐渐减小的变化趋势；在生产一段时间后控压生产制度下的气井产量将超过放压制度下的气井产量，如果能够制订出合理的控压生产制度，气井在生产过程中会出现明显的稳产期。

通过分析气井生产曲线可知[图 2-20（a）]，采用控压生产制度的气井产量递减速率更为缓慢，说明控压生产对地层渗透率的伤害更低，气井的生产能力更高。图 2-20（b）显示的是产量规整化压降（$\Delta p/q$）与生产时间平方根（$t^{0.5}$）之间的关系，根据线性渗流理论，曲线的斜率越低，表明气井的生产能力越高，而图中气井在控压生产方式下的曲线斜率明显低于放压生产，进一步说明了气井在控压生产制度下的生产能力更高。

二、合理气井生产制度

页岩气开发实践表明，控压限产可以有效提高单井中长期累计产量（EUR）[6,7]。相比于北美的巴内特、马塞勒斯等页岩气藏，海耶斯维尔页岩由于地层压力较高、应力敏感性显著，实际开发过程中广泛采用控压限产方式，大量开发经验也证明了控压生产较放压生产可普遍提高 28% 的单井 EUR[8]；国内长宁—威远、昭通等页岩气示范区的地质条件与海耶斯维尔相似，经过几年的现场试验后也开始推广使用控压限产的生产方式。与"放压生产"相比，"控压限产"除了在减少吸附气解吸量、降低压裂液返排率等方面存在优势外，更重要的作用在于保持人工裂缝（网络）的长期开启，调节流动通道的闭合时机，缓解渗流场的应力敏感效应。裂缝系统的应力敏感效应直接受有效应力场控制，当原地应力场的变化幅度很小时，有效应力可近似转换为孔隙压力，使用压力场模拟结合压力敏感曲线的做法可用于分析气井的生产动态[42-44]，该方法虽简单有效，但高估了有效应力场，导致单井 EUR 预测值偏高，而且由于无法模拟井底压力对有效应力场的直接影响，导致放压和控压两种生产方式所引起的产量差异特征不明显。

虽然控压生产意义重大，但目前现场无精确定量化的控压制度制定方案。目前主要采用井底压力的线性压降方法控制控压周期[图 2-21（a）]，或是采用逐级放压的常规配产制度控制井底压力变化[图 2-21（b）]。

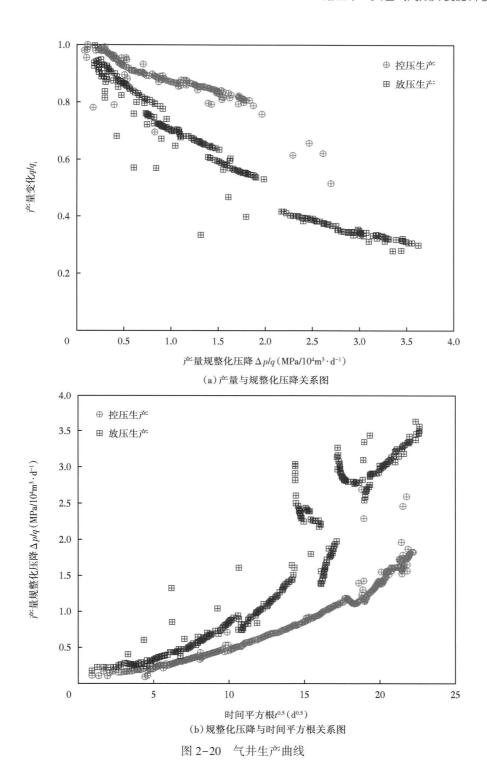

（a）产量与规整化压降关系图

（b）规整化压降与时间平方根关系图

图 2-20 气井生产曲线

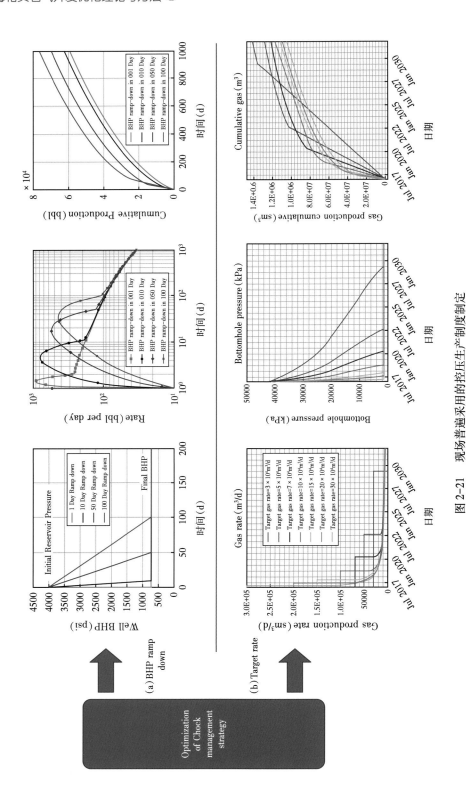

图 2-21　现场普遍采用的控压生产制度制定

第三章 页岩气开发层系优选与动用优化

本章从地层结构分析入手，结合压裂效果（缝高、缝长），以储层动用程度为评价指标，从多方面论证页岩气的最优靶体层位。

第一节 海相页岩气开发层系优选

一、纵向开发层系划分

奥陶系五峰组—志留系龙马溪组下部（龙一$_1$亚段）是目前四川盆地页岩气开发的主要目的层位。该阶段页岩沉积于晚奥陶世凯迪期至早志留世埃隆期（距今447—439Ma），整体处于深水陆棚环境，沉积的黑色页岩分布稳定，厚度为35m左右，结合沉积年代、笔石分布、岩性及电性特征，龙马溪组下部的龙一$_1$亚段可进一步细分为龙一$_1^1$、龙一$_1^2$、龙一$_1^3$、龙一$_1^4$ 4个小层（表3-1）。

表3-1 川南地区页岩地层划分对比表

系	组	段	亚段	岩性柱	笔石带	阶
志留系	龙马溪组	梁山组/石牛栏组				
		龙二段			LM7-9	特列奇阶
		龙一段	龙一$_2$			埃隆阶
			龙一$_1^4$		LM5	鲁丹阶
			龙一$_1^3$		LM4	
			龙一$_1^2$		LM2-3	
			龙一$_1^1$		LM1	
奥陶系	五峰组	观音桥层			WF4	赫南特阶
		笔石页岩段			WF1-3	凯迪阶
		宝塔组				

图 3-1 展示了昭通页岩气示范区典型评价井五峰组—龙一$_1$亚段的地层综合柱状图。龙一$_1^4$小层具有中—高黏土含量、低密度、中—低总有机碳含量（TOC）、中—高孔隙度、中—高含水饱和度、中—低含气量、低硅质含量的特点，表现为水体缓慢退去的反旋回，为灰质—粉砂质泥棚沉积，伽马曲线呈低平型分布，平均范围为 120~150API；龙一$_1^1$—龙一$_1^3$小层对应鲁丹阶 LM1—LM5 笔石带，厚度约为 15m，岩性主要为黑色碳质页岩和硅质页岩，电性曲线呈现典型的高伽马值（大于 150API）、低密度（小于 2.6g/cm³）、高铀钍比（大于 1.25）、高声波时差（大于 80μs/m）的特征。其中，龙一$_1^1$小层位于龙马溪组底部，水体深度最大，岩性为黑色碳质页岩，笔石个体大，保存完整。

横向上，昭通五峰组—龙一$_1$亚段分布稳定，在浅层太阳地区地层厚度有所减薄，平均厚度约为 35m，观音桥段全区稳定发育，龙一$_1^1$小层厚度稳定，约 2m，向上地层结构发生变化（图 3-2）。

二、开发层系储层结构及水平井最优靶体位置

基于典型评价井的测井曲线形态特征分析，昭通页岩气示范区地层结构可总结为两种模式：黄金坝 YS108 模式和紫金坝 YS112 模式（表 3-2、表 3-3）。

表 3-2　黄金坝 YS108 井小层识别模式与测井曲线特征

亚段	小层	GR	DEN
龙一$_2$亚段		100~150API，下部开始增大	大于 2.6g/cm³，向下密度降低
龙一$_1$亚段	龙一$_1^4$	150API 左右，曲线整体平直	大于 2.6g/cm³，向下密度降低
	龙一$_1^3$	200~250API，曲线呈箱形	2.6g/cm³ 左右，曲线相对平直
	龙一$_1^2$	150~200API，曲线值明显低于龙一$_1^1$、龙一$_1^3$	2.6g/cm³ 左右，向下密度降低
	龙一$_1^1$	大于 250API，曲线呈指状	2.55g/cm³ 左右，密度值最低
五峰组		200~250API，波状起伏	2.5~2.6g/cm³，波状增大
宝塔组		50API 左右，迅速降低	大于 2.6g/cm³，迅速增大

黄金坝 YS108 模式：伽马曲线整体呈 "2+1" 结构，即龙一$_1^1$小层和龙一$_1^3$小层伽马值整体较高，而龙一$_1^2$小层相对偏低，表明在沉积过程中出现了海平面下降又上升的过程，龙一$_1^1$小层沉积结束后，海平面下降，沉积龙一$_1^2$小层，随后海平面上升，沉积龙一$_1^3$小层，接着海平面再次下降，沉积龙一$_1^4$小层。

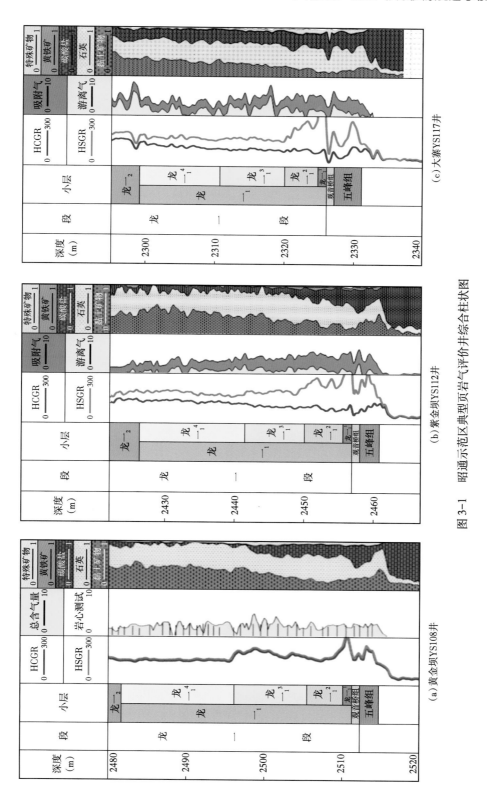

图 3-1　昭通示范区典型页岩气评价井综合柱状图

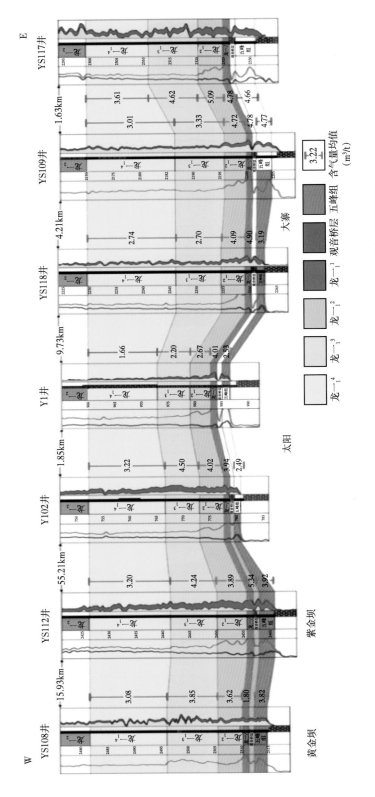

图 3-2 昭通示范区黄金坝—紫金坝—大寨五峰组—龙一₁亚段过井含气量剖面图

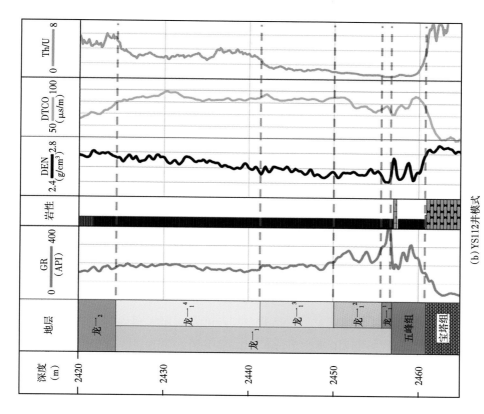

(b) YS112井模式

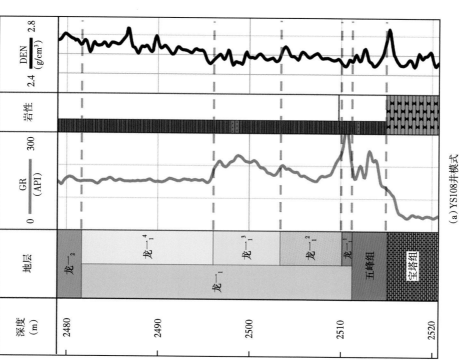

(a) YS108井模式

图 3-3 YS108 井与 YS112 井地层结构测井响应特征

表 3-3 紫金坝 YS112 井小层识别模式与测井曲线特征

亚段	小层	GR	DEN	DTCO	Th/U
龙一$_2$ 亚段		小于 200API，曲线整体平直	大于 2.7g/cm^3，向下密度降低	60μs/m 左右，曲线整体平稳	大于 4，弱氧化环境
龙一$_1$ 亚段	龙一$_1^4$	200API 左右，曲线呈两端式	2.6~2.7g/cm^3，向下密度降低	80~90μs/m，曲线整体平直	2~4，弱还原环境
	龙一$_1^3$	200API 左右，曲线整体平直	2.55~2.6g/cm^3，向下密度降低		1~2，还原环境
	龙一$_1^2$	200~300API，曲线齿化	2.55g/cm^3 左右，曲线整体平直	70~80μs/m，曲线呈箱形	0~1，强还原环境
	龙一$_1^1$	大于 300API，曲线呈指状	2.5g/cm^3 左右，密度值最低		
五峰组		200~300API，波状起伏	2.5~2.7g/cm^3，波状起伏		
宝塔组		50API 左右，迅速降低	大于 2.7g/cm^3，迅速增大	接近 0，致密	曲线齿化，过渡环境

紫金坝 YS112 模式：黄金坝以东，包括紫金坝井区及太阳大寨地区，开发层系页岩地层结构发生明显变化，伽马曲线由龙一$_1^4$ 至龙一$_1^1$ 呈阶梯式增大，曲线整体呈钟形，表明从龙一$_1^1$ 至龙一$_1^4$ 是一个水体逐渐变浅的过程，其中，Th/U 值可以很好地反映此变化。五峰组—龙一$_1^2$ 小层 Th/U 值介于 0~1，表现为强还原环境，龙一$_1^3$ 小层 Th/U 值介于 1~2，表现为还原环境，龙一$_1^4$ 小层 Th/U 值介于 2~4，沉积环境发生明显变化，为弱还原环境。

按照《中国石油页岩气测井采集与评价技术管理规定》，优选 TOC、有效孔隙度、脆性指数和含气量四个参数开展储层综合分类评价，评价结果表明：黄金坝 YS108 井区龙一$_1^1$ 小层、龙一$_1^3$ 小层及五峰组为 I 类储层，紫金坝 YS112 井区龙一$_1^{1+2}$ 小层为 I 类储层。

表 3-4 黄金坝与紫金坝评价井各小层储层质量评价表

井号	层号	层厚（m）	伽马（API）	密度（g/cm^3）	脆性系数（%）	孔隙度（%）	总有机碳含量（%，质量分数）	总含气量（m^3/t）	压力系数	储层分类
YS108 井	龙一$_1^4$	14.39	143.96	2.64	47.7	5.5	2.2	4.50	1.7	II
	龙一$_1^3$	9.48	188.97	2.59	56.8	5.8	3.3	5.07	1.8	I
	龙一$_1^2$	4.6	164.76	2.58	71.1	4.4	3.2	5.04	1.9	II
	龙一$_1^1$	1.16	261.60	2.56	66.0	5.0	3.8	4.48	1.9	I
	五峰组	2.45	182.91	2.58	61.3	5.6	3.2	5.91	1.9	I

续表

井号	层号	层厚 （m）	伽马 （API）	密度 （g/cm³）	脆性系数 （%）	孔隙度 （%）	总有机碳含量 （%，质量分数）	总含气量 （m³/t）	压力 系数	储层 分类
YS112井	龙一₁⁴	15.14	180.4	2.64	54.5	4.8	2.0	3.0	1.6	II
	龙一₁³	8.68	184.1	2.59	57.1	4.7	3.0	4.1	1.6	II
	龙一₁²	5.64	226.2	2.56	57.6	5.1	4.2	4.9	1.7	I
	龙一₁¹	1.16	283.6	2.56	61.1	4.7	5.1	4.8	1.8	I
	五峰组	2.94	230.1	2.60	56.7	4.0	3.2	3.6	1.7	II

　　根据上述小层识别模式，对黄金坝 YS108 井区 74 口井、紫金坝 YS112 井区 20 口井进行小层识别，结果显示：黄金坝 YS108 井区水平井主要钻遇龙一₁² 小层和龙一₁³ 小层，紫金坝 YS112 井区水平井主要钻遇龙一₁² 小层。

　　进一步结合气井生产动态资料开展气井开发效果评价，从黄金坝 YS108 井区 H1 平台、H2 平台、H3 平台、H4 平台、H11 平台的水平段箱体高度与气井 EUR 的关系可以明显地看出，水平井靶体位置的选择对气井产量影响显著，靶体位于龙一₁¹—龙一₁² 小层，箱体高度 2~6m，可保障气井良好的开发效果。

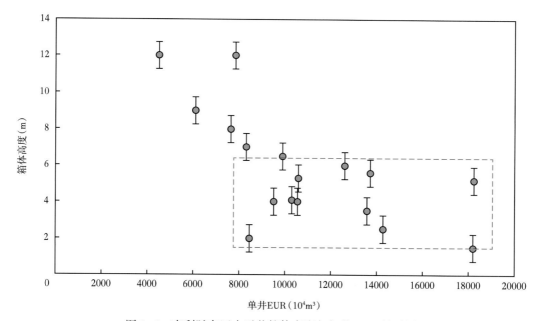

图 3-4　有利赋存区水平井箱体高度与气井 EUR 关系图

　　基于储层综合评价认识和生产实践经验，提出昭通页岩气示范区水平井靶体位置优选建议：在黄金坝井区，对于地层倾角变化小、断层影响较小、井眼轨迹控制容易的水平井建议全部钻遇龙一$_1$^{1} 小层和龙一$_1$^{2} 小层；对于地层倾角变化较大、断层影响较大、井眼轨迹控制难度高的水平井，建议以龙一$_1$^{1}—龙一$_1$^{2} 小层为主，可适当钻遇五峰组和龙一$_1$^{3} 小层。在紫金坝井区，建议全部钻遇龙一$_1$^{1} 小层，对于井眼轨迹控制难度较高的水平井，可适当钻遇龙一$_1$^{2} 小层下部。

第二节　海相页岩气主力开发层系动用

一、开发储量及纵向动用程度

页岩储层的含气量是评价页岩气的最重要参数之一，其值直接关系到地下页岩气储量的多少。页岩气含气量的影响因素较多，包括孔隙度、含气饱和度、有机碳含量、地层温压等。与常规气不同，页岩气主要由吸附气和游离气组成，含气量的计算也将分这两个部分分别计算。

含气量的计算方法分为直接测试法和间接的测井解释方法两类。直接测试法是借鉴煤层气的测试方法，测试现场的解吸气量、损失气量及残余气量，由于其测试的结果为特定的岩样，无法用来表征全井段储层页岩气含量的特征，现利用测井计算法计算研究区含气量的大小。

图 3-5 为页岩储层的孔隙模型，从模型中可以看出，页岩基质主要由非黏土颗粒体积和黏土矿物体积等无机部分有机质组成，孔隙体积主要由吸附气体积及游离气体积组成，在计算游离气含量时，须将吸附气所占据的体积从总孔隙体积中扣除。

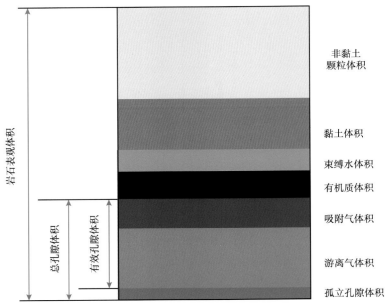

图 3-5　页岩孔隙体积模型

根据吸附气和游离气含气量计算模型，可以得到研究区总含气量的分布，计算公式为：

$$V_t = V_a + V_f \tag{3-1}$$

式中　V_t——总含气量，m^3/t；

　　　V_a——吸附气含量，m^3/t；

　　　V_f——游离气含量，m^3/t。

根据含气量计算公式，计算研究区关键井的含气量分布。表3-5中为研究区两口评价井储量计算参数单井柱状图右边为相关关键参数及昭通地区评价井优质层段有机碳含量、孔隙度及吸附气、游离气含量数值表。

表3-5　YS108井区评价井单井含气量图及关键参数表

层位	昭通地区			
	TOC（%）	孔隙度（%）	吸附气含量（m³/t）	游离气含量（m³/t）
龙一₁⁴	2.21	5.50	0.93	2.45
龙一₁³	3.27	5.80	2.38	3.07
龙一₁²	3.21	4.40	2.26	2.87
龙一₁¹	3.89	4.90	2.98	3.36
五峰组	3.16	5.60	1.38	2.48
平均	3.15	5.24	1.97	2.85

昭通黄金坝地区优质页岩层段平均 TOC 为 1.97m^3/t，平均孔隙度为 5.24%，吸附气平均含量为 1.97m^3/t，游离气含量平均值为 2.85m^3/t。参考中华人民共和国地质矿产行业标准《页岩气资源/储量计算与评价技术规范》（DZ/T 0254—2014），在含气量计算的基础上采用体积法计算研究区五峰组—龙一₁亚段页岩气储量。计算公式如下：

$$G_t = 0.01 Ah\rho_b V_t \tag{3-2}$$

式中　G_t——地质储量，$10^8 m^3$；

　　　A——含气面积，km^2；

h——有效厚度，m。

研究区地质储量结果见表3-6，其中长宁201井区取面积145km²，昭通黄金坝YS108井区取面积154km²。从表3-6中可以看出，长宁N201井区五峰组—龙一₁亚段段地质储量为$700.01 \times 10^8 m^3$，储量丰度为$4.82 \times 10^8 m^3/km^2$。昭通黄金坝YS108井区五峰组—龙一₁亚段地质储量为$570.25 \times 10^8 m^3$，储量丰度为$3.70 \times 10^8 m^3/km^2$。对比来看，昭通地区的面积及有效厚度与长宁地区相当，地层密度高于长宁地区，说明其有机质含量比长宁地区低，孔隙度也偏低，从而造成了吸附气含量及游离气含量普遍低于长宁地区，造成了总含气量偏低，从而影响了地质储量和储量丰度。纵向上来看，长宁地区目前水平井主要动用层位（五峰组—龙一₁²）储量占比35.9%，昭通地区这一比例为29.2%，说明目前井轨迹条件下动用的页岩气储量较低。

表3-6　蜀南地区五峰组—龙马溪组地质储量计算表

气田	层段	面积（km²）	厚度（m）	密度（g/cm³）	吸附气含量（m³/t）	游离气含量（m³/t）	总含气量（m³/t）	地质储量（10⁸m³）	储量丰度（10⁸m³/km²）
长宁N201	龙一₁⁴	145	15.16	2.44	1.23	3.16	4.93	264.42	1.82
	龙一₁³		8.09	2.54	2.75	3.61	6.19	184.43	1.27
	龙一₁²		7.71	2.55	2.76	3.34	6.06	172.76	1.19
	龙一₁¹		1.27	2.52	3.85	3.21	7.34	34.06	0.23
	五峰组		2.08	2.43	1.78	3.53	6.05	44.34	0.31
	合计		34.31	2.50	2.47	3.37	6.11	700.01	4.82
昭通YS108	龙一₁⁴	154	14.39	2.64	0.93	2.45	3.38	197.74	1.28
	龙一₁³		9.48	2.59	2.38	3.07	5.45	206.08	1.34
	龙一₁²		4.6	2.59	2.26	2.87	5.13	94.12	0.61
	龙一₁¹		1.16	2.56	2.98	3.36	6.34	28.99	0.19
	五峰组		2.45	2.58	1.97	2.48	4.45	43.32	0.28
	合计		32.08	2.59	2.10	2.85	4.95	570.25	3.70

页岩气藏储量动用程度很大程度上取决于人工裂缝压裂开的地层范围，只有水力裂缝涉及的范围，地质储量才能得到有效动用。随着井筒距离的增加，裂缝的高度和宽度都会迅速降低，其截面形态近似为星形（图3-6），根据斯伦贝谢公司对蜀南地区页岩气田微裂缝监测结果，井筒射孔处的人工裂缝最大延伸高度约为40m，裂缝宽度约为300m。另外，由于页岩储层纵向渗透率和横向渗透率的巨大差异，气体以横向泄流为主，故认为小层储量的动用程度与裂缝截面面积及含气量呈正比。

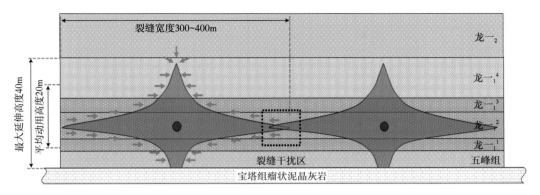

图 3-6　人工水力裂缝截面形态示意图

基于以上假设，纵向储量动用程度的评价基本思路为：首先假设井筒穿行在某一小层的中心，以星形裂缝截面为计算单元（图 3-7），计算在这种情形下裂缝垂向上沟通的各小层地层裂缝截面积，裂缝截面积与含气量及岩石密度的乘积视为该小层内的储量相对动用量，再根据水平井小层钻遇率，计算各小层累计的动用量，从而统计各层动用的比例，再根据水平井单井平均 EUR，计算各小层的实际的采气量，最后与小层控制储量进行对比，计算小层的实际动用程度。具体方法如下：

计算体积元体积大小：

$$V_N = xDh \tag{3-3}$$

式中　x——距离井筒高度 y 位置的裂缝侧向延伸长度，m；

　　　D——气体横向泄流范围；

　　　h——体积元高度，m；

　　　V_N——体积元大小，m^3。

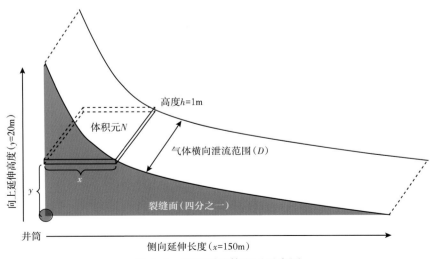

图 3-7　星形裂缝体积元示意图

根据星形图案的几何关系，x 和 y 的数学关系式为：

$$x^{\frac{2}{3}}+（7.5y）^{\frac{2}{3}}=150^{\frac{2}{3}} \tag{3-4}$$

在计算完体积元体积大小后，计算体积元内的含气量，计算公式为：

$$G_N=GAS_N\times V_N\times DEN_N \tag{3-5}$$

式中　G_N——储量动用量，m^3；

　　　GAS_N——含气量，m^3/t；

　　　DEN_N——密度，g/cm^3。

其中，密度值由测井解释结果提供，将 0.125m 的测井点数据抽吸为每 1m 一个测井数据即可。

在体积元中气体动用量的基础上，计算不同井轨迹位置下各小层的气体相对动用量。这里相对动用量为密度、含气量、裂缝长、裂缝高的乘积，计算结果见表 3-6。从表 3-6 中可以看出，在长宁地区，当水平井在龙一$_1^4$ 小层中穿行时，星形裂缝能够沟通的龙一$_2$ 小层气体相对动用量为 0.46，沟通的龙一$_1^4$ 小层气体相对动用量为 12.53，沟通的龙一$_1^3$ 小层气体相对动用量为 1.80，沟通的龙一$_1^2$ 小层气体相对动用量为 0.01，无法沟通龙一$_1^1$ 小层及五峰组，能够沟通的总气体相对动用量为 14.80。表 3-7 中其他数据含义以此类推。

表 3-7　不同钻遇位置下各小层储量相对动用量

示范区	小层	钻遇龙一$_1^4$	钻遇龙一$_1^3$	钻遇龙一$_1^2$	钻遇龙一$_1^1$	钻遇五峰组
长宁	龙一$_2$	0.46	0	0	0	0
	龙一$_1^4$	12.53	4.43	0.66	0.04	0
	龙一$_1^3$	1.80	12.76	5.08	1.97	1.13
	龙一$_1^2$	0.01	5.05	10.53	6.69	5.06
	龙一$_1^1$	0	0.58	2.08	3.73	2.70
	五峰组	0	0.29	1.30	2.54	2.97
	合计	14.80	23.11	19.65	14.97	11.86
昭通	龙一$_2$	1.69	0	0	0	0
	龙一$_1^4$	12.32	3.94	0.81	0.26	0.08
	龙一$_1^3$	2.26	11.37	5.84	3.67	2.55
	龙一$_1^2$	0.04	2.94	6.56	5.17	3.96
	龙一$_1^1$	0	0.38	1.04	1.70	1.18
	五峰组	0	0.73	2.19	3.27	4.05
	合计	16.31	19.36	16.44	14.07	11.82

根据水平井小层钻遇率统计，长宁地区水平井龙一$_1^4$平均钻遇率为13.46%，龙一$_1^3$平均钻遇率为13.76%，龙一$_1^2$平均钻遇率为46.16%，龙一$_1^1$平均钻遇率为11.30%，五峰组平均钻遇率为15.32%，水平井平均压裂长度为1496 m；昭通地区水平井龙一$_1^4$平均钻遇率为7.19%，龙一$_1^3$平均钻遇率为52.59%，龙一$_1^2$平均钻遇率为34.33%，龙一$_1^1$平均钻遇率为1.60%，五峰组平均钻遇率为4.29%，水平井平均压裂长度为1442m。按照以上数据，将水平井轨迹转化为图3-8所示的模型。

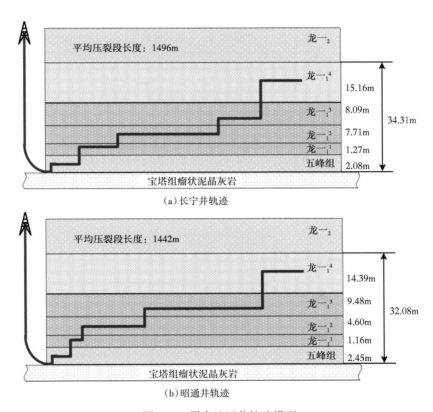

(a) 长宁井轨迹

(b) 昭通井轨迹

图3-8　蜀南地区井轨迹模型

在得到水平井钻遇比例和钻遇各小层时气体相对动用量的基础上，根据该动用量可以计算出各小层气体动用比例。表3-8中，在长宁地区目前各小层钻遇率的前提下，按照星形裂缝截面计算，龙一$_1^4$小层气体动用量占总动用量的14.73%，龙一$_1^3$小层气体动用量占总动用量的26.79%，龙一$_1^2$小层气体动用量占总动用量的40.07%，龙一$_1^1$气体动用量占总动用量的10.60%，五峰组气体动用量占总动用量的7.81%；昭通地区龙一$_1^4$小层气体动用量占总动用量的18.42%，龙一$_1^3$小层气体动用量占总动用量的47.22%，龙一$_1^2$小层气体动用量占总动用量的23.02%，龙一$_1^1$小层气体动用量占总动用量的3.60%，五峰组气体动用量占总动用量的7.73%。

表3-8　长宁地区、昭通地区各小层纵向储量动用程度

气田	小层	小层实际钻遇比例（%）	气体相对动用量	气体动用比例（%）	小层采气量（10^4m^3）	井控面积（km^2）	小层控制储量（10^4m^3）	小层动用程度（%）
长宁	龙一$_2$	13.46	2.61	14.73	1436.00		8168.16	17.58
	龙一$_1^4$	13.76	4.74	26.79	2611.91		5699.76	45.83
	龙一$_1^3$	46.16	7.09	40.07	3906.83	0.449	5349.50	73.03
	龙一$_1^2$	11.30	1.88	10.60	870.88		1032.24	84.37
	五峰组	15.32	1.38	7.81	761.74		1391.28	54.75
	合计	100	17.69	100	9750.00			
昭通	龙一$_2$	7.19	3.24	18.42	1550.97		5542.40	27.98
	龙一$_1^4$	52.59	8.31	47.22	3976.00		5802.20	68.53
	龙一$_1^3$	34.33	4.05	23.02	1938.36	0.433	2643.13	73.34
	龙一$_1^2$	1.60	0.63	3.60	303.50		823.27	36.86
	五峰组	4.29	1.36	7.73	651.18		1212.40	53.71
	合计	100	17.61	100	8420.00			

二、水力裂缝纵向延展

水力压裂大型物理模拟实验表明，受页岩薄弱层理面的影响，水力裂缝易沿层理面扩展而造成纵向穿透能力降低，导致纵向缝高延展受限；而且离射孔点越远，水力裂缝纵向延展越差。

黄金坝YS108区块水力压裂数值模拟显示，射孔点处水力裂缝纵向最大可延伸30m，远离射孔点时，裂缝高度快速减小，各压裂段内平均缝高为7~14m；以龙一$_1^3$小层为靶体压裂改造时，五峰组、龙一$_1^1$小层、龙一$_1^2$小层下部储量难以有效动用。从压裂现场动态监测结果看，坛202H1井井温测试结果表明射孔点造缝高度为41m，而NRT测井解释近井带平均支撑裂缝高度仅约为7m。

综合上述分析可以推断，在垂直水平井筒和平行水平井筒方向上，页岩储层的水力裂缝区带的包络面均呈星形，这为页岩气主力开发层系动用优化指明了方向（图3-9）。

(a)顺水平井筒剖面

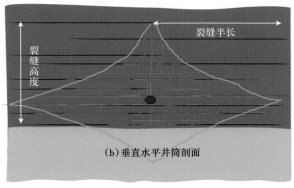

(b)垂直水平井筒剖面

图 3-9　页岩气水平井水力裂缝形态示意图

三、储量动用程度分析

1. 层位钻遇率与产能相关性

受制于川南海相页岩特殊的地质工程条件，靶体位置不仅决定着资源基础，还影响钻井压裂质量。由于四川盆地五峰组—龙马溪组海相页岩水平层理发育，限制了压裂裂缝缝高延伸，即使加大加砂强度及施工排量也无法实现对整个优质页岩段的充分改造[42-43]，只有选准靶体才能保证井筒附近层位得到充分改造（图 3-10）。

以长宁—威远页岩气示范区为例，中国石油不断探索水平井箱体

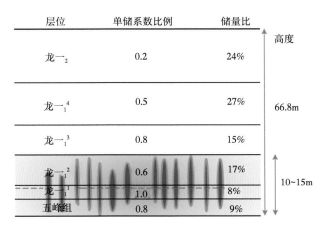

层位	单储系数比例	储量比	
龙一$_1^2$	0.2	24%	高度
龙一$_1^4$	0.5	27%	66.8m
龙一$_1^3$	0.8	15%	
龙一$_1^2$	0.6	17%	10~15m
龙一$_1^1$	1.0	8%	
五峰组	0.8	9%	

图 3-10　储量分布比例及水平井动用剖面图

位置，最终获得优化的靶体层位。在第一轮开发过程中水平井靶体位于龙一₁亚段下部，距页岩底部较高，产能建设实施效果一般，长宁和威远地区的井均测试日产气量分别为 $10.9×10^4m^3$ 和 $11.6×10^4m^3$，井均 EUR 分别为 $0.53×10^8m^3$ 和 $0.41×10^8m^3$；第二轮+第三轮实施过程中，通过优选纵向上地质和工程"甜点"，将水平井靶体下沉至五峰组—龙一₁¹小层，产能建设效果明显好于第一轮，测试日产量、井均 EUR 均有所提高。在长宁区块，建产区最佳靶体位置优选到龙一₁亚段 1—2 小层，箱体高度 5m，保证单井效果最好，从 2014 年 Ⅰ类井+Ⅱ类井比例 25%，提高到 Ⅰ类井比例 100%（图 3-11）。

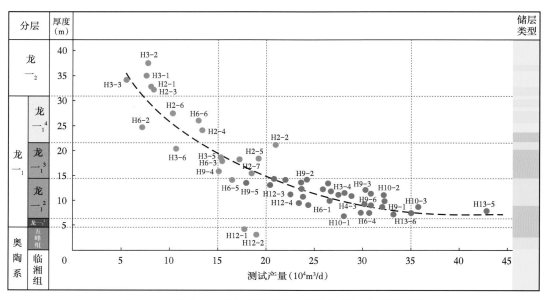

图 3-11　长宁 201 井区水平井靶体层位与测试产量关系图

保持优质页岩段钻遇率的重要性已经是业界共识。图 3-12 展示了宁 201 气田各井各小层钻遇率与产能关系图，单井以左高右低的方式按照距五峰组底平均高度排列，每口单井用一个彩色小柱子表示，该小柱子的不同颜色代表该井钻遇的不同小层，不同颜色之间的比例代表各小层钻遇率，该图一定程度上反映了长宁页岩气示范区对水平井箱体位置优化的探索过程。总体上，水平段距离五峰组底越近，产能指数呈一定的增长趋势；五峰到龙一₁亚段优质页岩段钻遇率越高，产能指数也呈一定的增长趋势。但是，当水平段主要位于五峰到龙一₁亚段优质页岩段时，各小层钻遇率和产能指数没有表现出明显的相关性。

2. 概念模型及压后产能模拟

优质页岩段钻遇率及钻遇长度对气井产能具有决定性影响。基于 YS108 井测井解释成果，建立高分辨率地学概念模型，模型中的工程品质参数包括最大（最小）水平主应力、泊松比、杨氏模量、地层断裂韧性等，储层品质因素包括孔隙度、渗透率、地层压力、含气饱和度等，纵向上的非均质属性如图 3-13 所示。

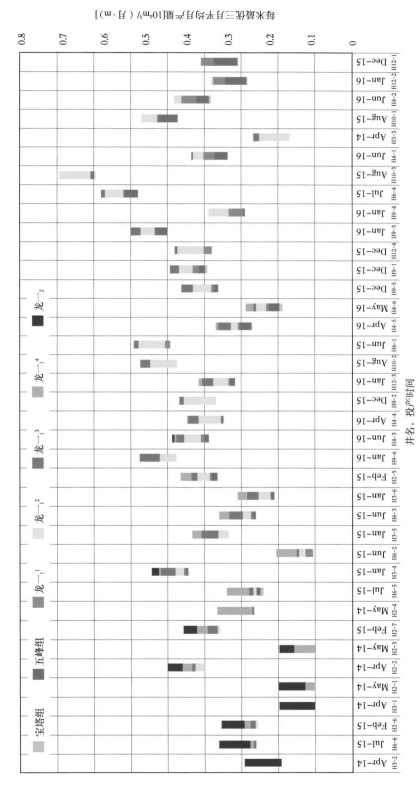

图3-12 各小层钻遇率与产能关系图（单井按照距五峰组底平均高度排列，左高右低）

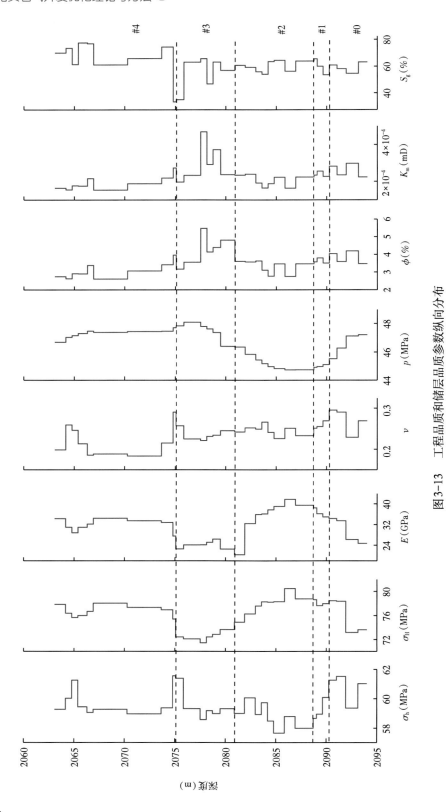

图3-13　工程品质和储层品质参数纵向分布

采用典型井一维岩石力学模型初始化的应力剖面，精确描述页岩层状特征，建立三维高分辨率地学概念模型，用一口基于测井资料的直井进行参数初始化，最终三维应力模型如图 3-14 所示。

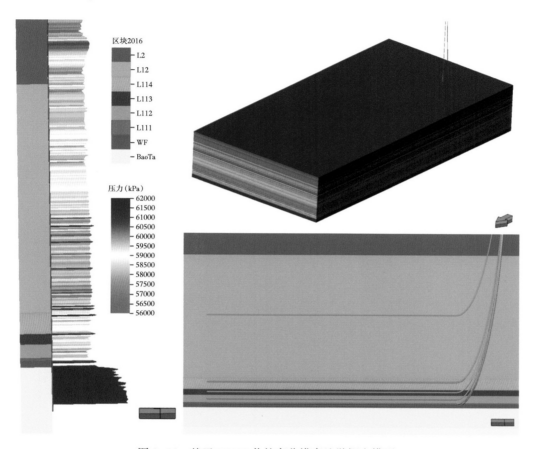

图 3-14　基于 YS108 井的高分辨率地学概念模型

采用压裂—数模一体化模拟技术，开展箱体位置对水力裂缝缝网和产能的影响的理论研究。在模型中建立虚拟水平井分别以 100% 钻遇率在龙一$_2$、龙一$_1^4$、龙一$_1^3$、龙一$_1^2$、龙一$_1^1$ 和五峰组下亚段各小层，水平段长度、分级和分簇参数采用 YS108 东区目前使用的标准数值。水力裂缝参数用通过微地震数据校正、压裂施工响应拟合、生产历史拟合得到的数值进行控制。

模拟对比不同层位中的水平井水力裂缝几何形态。各井各级的压裂施工规模保持一致：单级液量 1800m³，砂量 120t，施工排量 12m³/min，压裂模拟获得裂缝信息统计结果见表 3-9。从表 3-9 可知，裂缝体积大小依次为：龙一$_1^3$>龙一$_1^4$>龙一$_1^1$>龙一$_1^2$>五峰组，结合压裂模拟三维结果（图 3-15），纵向上水平井靶体位于五峰组—龙一$_1^4$ 任一层段时水力裂缝均能上下穿透整个目的层位，考虑到缝宽在缝高方向上与起裂点的对应关系，支撑裂缝区域集中在水力裂缝下部。

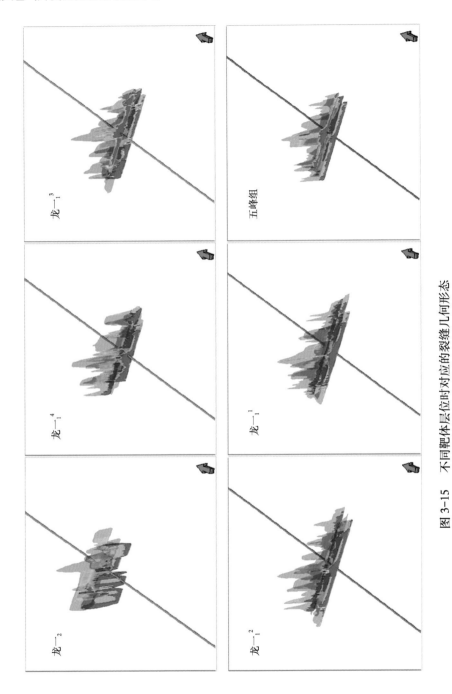

图 3-15　不同靶体层位时对应的裂缝几何形态

表 3-9　不同靶体层位时的裂缝模拟结果

层位	裂缝体积（m³）	簇号	水力裂缝长度（m）	支撑缝长度（m）	平均裂缝高度（m）	平均支撑缝高（m）	平均裂缝宽度（mm）	平均导流能力（mD·m）
五峰组	268	1	327.98	323.16	27.39	6.85	2.49	177.11
		2	336.67	332.31	27.46	6.87	1.97	132.72
		3	316.10	308.44	39.37	8.34	1.38	98.59
龙一$_1^1$	314	1	390.64	352.75	61.32	12.33	1.11	78.63
		2	446.19	385.46	33.53	14.38	1.49	104.19
		3	416.89	412.43	61.02	11.26	1.38	57.28
龙一$_1^2$	326	2	411.20	387.02	30.07	10.52	1.87	132.97
		3	400.99	326.19	49.56	12.39	1.14	78.27
		1	404.44	367.90	60.11	15.03	0.84	59.06
龙一$_1^3$	347	2	355.03	341.55	53.23	18.31	0.94	69.30
		3	441.69	383.50	33.43	8.36	1.27	101.81
			383.43	359.51	54.72	13.68	1.12	82.51
龙一$_1^4$	336	1	288.80	257.33	49.88	20.47	0.82	61.03
		2	372.89	326.15	35.22	8.81	1.65	120.73
		3	364.53	349.92	34.21	18.55	0.79	58.44

图 3-15 显示了不同层位中的水平井水力裂缝起裂延伸后的展布形态。在得到水力裂缝模型之后，用非结构网格方法形成该概念模型的数值模拟模型，用数值模拟器进行产能预测，所有模拟模型均采用相同的配产生产制度对比压裂后产能情况。图 3-16 展示了不同箱体位置对累计产量和产量的影响，可以看出，当水平段全部处于龙一$_1^1$中部时，五年的累计产量最大且稳产时间最长。当水平段全部处于龙一$_2$中部时，五年的累计产量最小且稳产时间最短。压裂后产能由高至低为：龙一$_1^2$＝龙一$_1^1$＞五峰组下亚段＞龙一$_1^3$＞龙一$_1^4$＞龙一$_2$。

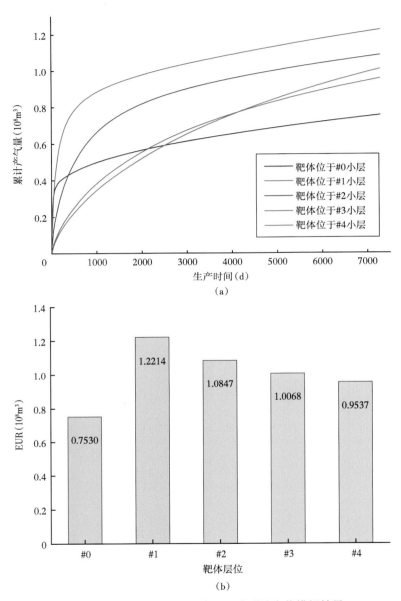

图 3-16　靶体位于不同层位时三维裂缝产能模拟结果

第四章 页岩气复杂缝网一体化模拟

本章利用压裂模拟模型充分考虑了天然裂缝对人工裂缝延伸的影响,将激活的天然裂缝与人工裂缝共同构成复杂裂缝网络,进而利用嵌入式离散裂缝模型模拟三维缝网生产动态,通过纵向水平井靶体优选、平面井距优化来评价立体交错井网开发效果;同时结合人工智能历史拟合,以动态数据为约束获得有效缝网参数,建立立体井距与裂缝的配置关系,为页岩气藏(气井)产能的高效评价和开发技术政策优化提供有力的技术支撑。

第一节 地质工程一体化技术内涵

页岩气在勘探开发过程中面临着储层非均质性强、天然裂缝发育、水力裂缝复杂等难题,导致了气井数据历史拟合难度大、最优开发方案难以获得,需要经过漫长的学习曲线[46]。传统的建模数模技术不适用于页岩气开发评价及优化,其原因不在于方法体系,而在于以下问题。

(1)地质建模精度粗,页岩非均质程度极高,包括地质非均质性及力学非均质性。这种非均质性在不同尺度下又具有非常强的差异,过于粗化的模型难以反映储层品质,如何综合利用岩心、测井和地震等不同尺度的数据在三维模型中合理表征页岩储层的非均质性,是页岩气地质建模的关键。

(2)人工裂缝建模及扩展模拟难,在地质模型及力学模型基础上水力裂缝与天然裂缝的相互作用,天然裂缝为地质不连续面对人工裂缝扩展有决定性影响,天然裂缝与人工裂缝的表征及模拟是页岩气地质工程一体化研究中的关键科学问题。

(3)数值模拟速度慢,考虑到精细化网格及不确定性的海量算例,尤其是面对复杂构型的裂缝网络时,计算代价极大,效率低,且难以规模化应用。

(4)历史拟合手段乱,历史拟合是典型的模型反问题,一般自动历史拟合方法拟合流程繁琐、耗时、耗力,难以求取最有代表性的拟合结果,缺乏系统有效的智能算法使得历史拟合可以持续进行。

(5)智能优化手段无,所谓的"方案优化"多是利用多方案设计对比分析完成(如正交试验、灰色关联等),这些分析手段虽然改进了单因素控制分析法的局限性,但仍属于有限方案对比。另外的传统优化方法,如利用梯度信息寻找局部最优解、共轭梯度法、拟牛顿法和单纯形方法，虽然能够较快收敛到局部最优解，但要求求解空间连续或可微，同时优化结果依赖于初始条件。

页岩气地质工程一体化理念在川南页岩气开发过程中首次被系统且明确地提出并得到了广泛应用，并提出了页岩气地质工程一体化理念和核心内涵模型，即在多学科、多部门一体化共享模型的基础上，评价"储层品质、完井品质和钻井品质"品质三角形，通过地质建模和力学建模等技术手段，从单井、平台、全气田尺度，系统支持并优化钻井[46]。其本质是在地质—工程一体化平台下对地下资源进行全生命周期的仿真与管理，完成从数据到决策的过程。

狭义的一体化研究是指建立在 Petrol RE 平台基础上，以油气藏认识为核心的非常规建模及数模技术，具体流程如图 4-1 所示。

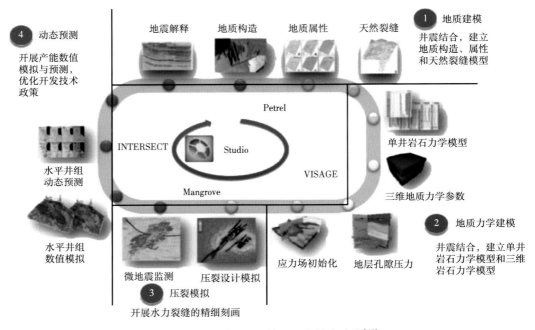

图 4-1　地质工程一体化研究技术路线[46]

广义的一体化技术建立一套从裂缝建模、动态模拟到历史拟合、产能预测的一体化数值模拟方法（图 4-2），包括：（1）使用分形几何理论建立具有不同尺度的离散裂缝网络的拓扑表征模型；（2）以生成的三维天然裂缝—人工裂缝网络模型为基础，调用新一代嵌入式离散裂缝模型，精确模拟页岩气井全生命周期生产动态；（3）通过人工智能自动取样进行机器学习，形成自动历史拟合方法，进而实现关键储层和裂缝参数的有效反演，并对裂缝参数及气井产能预测做风险量化分析。形成的一体化数值模拟方法能够为页岩气藏（气井）产能的高效评价和开发技术政策优化提供有力技术支撑。

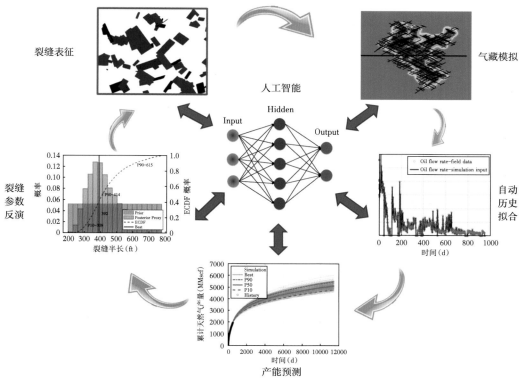

图 4-2　一体化数值模拟方法的关键技术环节及工作流程示意图

第二节　分形天然裂缝

一、分形几何基础理论

　　页岩中的天然裂缝呈现离散、不规则及不均匀（即成簇）出现的特征，具有裂缝性多孔介质的特征，即非均质性强、表征单元尺度大、连续性差，传统的等效连续模型并不适用。与使用规则网格块的等效连续模型不同，离散裂缝网络（DFN）模型将裂缝描述为具有不同尺度和形态的裂缝片，共同组成裂缝网络。基于 DFN 的天然裂缝建模通常采用随机模拟方法，在"蚂蚁"体追踪结果基础上，通过井—震结合手段获得裂缝网络，该模型具有多学科、多资料协同的优势，应用露头、岩心、地震、测井、生产测试等多尺度数据约束模型。DFN 模型生成的裂缝网络被看作是随机模型的实现，这样生成的裂缝网络与研究区域内的实际裂缝具有统计上的相似性，虽然更加接近实际地层的裂缝形态，但受制于随机模拟方法的局限性，关键表征参数（如裂缝产状及裂缝密度）仍存在着很大的不确定性。

　　相较于传统的完全（均匀）随机理论，分形几何理论通过分数维（非整数）来描述随机、无规则且具有统计意义上自相似性的地质系统，可以更为确定性地描述天然裂缝的非均质性及几何形态的复杂性，采用这种理论生产的裂缝称为分形离散裂缝模型（FDFN）。大量研究表明天然裂缝系统的几何构型具有分形的特征，通常认为裂缝（网络）系统的位置、长度、方位和开度等几何参数服从统计学分布规律，即反映裂缝分布特征的几何参数是用分形维数表征的分形概率场。同时天然裂缝的存在也会极大地影响页岩储层渗流储集空间，天然裂缝交会导致的连通性问题对流体流动有决定性影响，使得页岩储层表现为非连续离散介质。研究表明，在相同的分形参数条件下，裂缝系统可能具有不同的分布规律及几何形态，但却具有几乎相同的储层渗流能力，即相同的裂缝网络等效渗透率，相对应的压力动态曲线也基本一致。

总体来看，随机模型使用井—震结合数据等多学科数据对生成的裂缝网络进行约束，尽可能地获得与实际裂缝网格相似的裂缝网络，但这种随机方法生成的裂缝具有极大的不确定性；而分形裂缝模型则利用露头、成像测井及岩心分析等不同尺度数据获取局部空间的裂缝分形参数，进而根据分形裂缝网络的自相似性和尺度不变性，获得全局空间内的裂缝网络，分形参数对裂缝的整体分布具有很好的控制作用，在大幅提高表征结果可靠性的同时保证了裂缝网络内含的关键数学信息不丢失。

二、裂缝形态模拟

分形理论分为二维分形与三维分形，每个维度模型有其特定的参数。裂缝分形维数可以通过露头、成像测井和岩心分析获得。裂缝中心点、开度、长度、走向、分布等参数能够控制裂缝系统的成簇分布。目前国际上均为二维分形裂缝系统，三维裂缝采用圆盘模型，但这与实际裂缝形态并不一致。

1. 裂缝形态模拟

三维空间对应的欧几里得维数为 3。裂缝长度在 $l \sim l+\mathrm{d}l$ 之间的裂缝条数记为 $n(l, L)\mathrm{d}l$，满足公式：

$$n(l, L)\,\mathrm{d}l = \alpha_{3\mathrm{D}} L^{D_{\mathrm{c3D}}} l^{-(D_{l3\mathrm{D}}+1)} \tag{4-1}$$

式中　l——裂缝长度，m；

L——模型尺度（假设模型为正方形），m；

D_{c3D}——三维裂缝分布的分形维数；

$D_{l3\mathrm{D}}$——三维裂缝长度分布的分形维数；

$\alpha_{3\mathrm{D}}$——三维裂缝密度常数。

$\alpha_{3\mathrm{D}}$ 决定三维空间中的裂缝数量，与模型尺度无关，需要计算获得。根据 Piggott 公式，可获得二维密度常数和三维密度常数间的关系式：

$$\alpha_{3\mathrm{D}} = \alpha \sqrt{\pi} \, \frac{\Gamma(1.5 + 0.5D_1)}{\Gamma(1.0 + 0.5D_1)} \tag{4-2}$$

式中　α——二维裂缝密度常数；

D_1——二维裂缝长度分布的分形维数（假设为直线）；

$\Gamma(\ )$——伽马函数。

通常情况，引入参数 α_{3D} 用以表征长裂缝与短裂缝的比例，Darcel 等命名为幂率长度分布指数[32]，当 $\alpha_{3D}=3$ 时，长裂缝数量占主导地位；当 $\alpha_{3D}=\infty$ 时，裂缝长度一致且趋近于最小值 $l_{\min}$。其与 D_{13D} 之间满足：

$$\alpha_{3D}=D_{13D}+1 \tag{4-3}$$

同时二维分形维数与三维分形维数的关系满足：

$$\begin{cases} D_{c3D}=D_c+1 \\ D_{13D}=D_1+1 \end{cases} \tag{4-4}$$

式（4-4）中，D_c 取值范围 $1\sim2$；D_1 取值范围 $1\sim\infty$。对式（4-1）进行积分处理，得到三维模型中所有长度大于 $l_{\min}$ 的裂缝总数量：

$$N(L)=\frac{\alpha_{3D}}{D_{13D}}L^{D_{c3D}}l_{\min}^{-D_{13D}} \tag{4-5}$$

式（4-5）同样适用于二维分形裂缝数量计算。裂缝几何中心点在二维平面空间中的分布可以使用分形维数 D_c 和成对校正函数 $C_2(r)$ 来计算：

$$C_2(r)=\frac{2N_p(r)}{N(N-1)}=cr^{D_c} \tag{4-6}$$

式中　$N_p(r)$ ——两条裂缝中心距离小于 r 的裂缝对数；

　　　N ——所有的裂缝条数；

　　　c ——常数；

　　　$C_2(r)$ ——校正函数，用于计算裂缝中心点分布所对应的分形维数。

需要强调的是，适用于二维分形裂缝几何参数生成的多次信息叠加算法也适用于三维裂缝模型，该算法应用于天然裂缝区域性分布概率（图4-3）。二维模型经过多次迭代分解而形成多个子区域（7~9 次迭代），每个子区域出现天然裂缝的概率由特定公式约束，所有子区域的概率总和不一定等于1（否则产生的概率场是完全随机分布）。

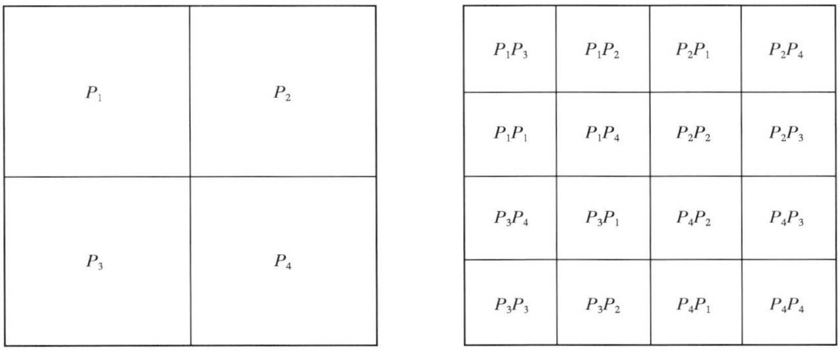

P_1	P_2
P_3	P_4

P_1P_3	P_1P_2	P_2P_1	P_2P_4
P_1P_1	P_1P_4	P_2P_2	P_2P_3
P_3P_4	P_3P_1	P_4P_2	P_4P_3
P_3P_3	P_3P_2	P_4P_1	P_4P_4

（a）1个区域划分为4个子区域（第1次迭代）　　　（b）1个区域划分为16个子区域（第2次迭代）

图 4-3　多次信息叠加算法示意图

每个区域内出现裂缝的概率值为 P_i，分形概率场满足：

$$\sum_{i=1}^{n} \frac{P_i^q}{(1/l_{ratio})^{(q-1)D_q}} = 1 \qquad (4-7)$$

式中　q——二阶维数；

　　　D_q——多重分形维数；

　　　n——所有子区域个数。

多次信息叠加迭代次数满足：

$$N_{iter} = \frac{\lg(L/l_{min})}{\lg l_{ratio}} \qquad (4-8)$$

式中　l_{ratio}——区域边长与子区域边长比值；这里 $l_{ratio}=2$。

在研究过程中，泊松（Poisson）算法被广泛应用于离散裂缝建模，其假设裂缝中点在计算域中随机分布。与泊松算法相比，多次信息迭代算法的优势在于其能够模仿天然裂缝的成簇分布特点，因此该算法更能准确地描述天然裂缝的分布。图 4-4 对比了泊松算法和多次信息迭代算法生成的裂缝中点。

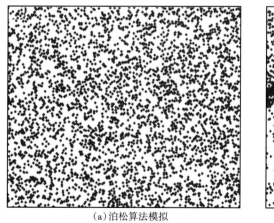
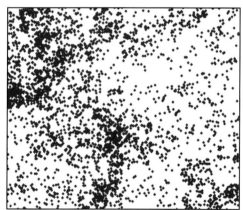

（a）泊松算法模拟　　　　　　　　　　　　（b）多次信息迭代算法模拟

图 4-4　裂缝中心点分布

基于 Python 语言开发出三维分形裂缝生成器。经过多次信息叠加过程生成的天然裂缝中心点三维分布如图 4-5 所示，图中每个点代表天然裂缝中心点的空间位置，具体参数给定为：$D_{c3D}=2.8$，$D_{l3D}=3.5$，$L=1000m$，$\alpha=0.5$，$l_{min}=50m$，$N_{iter}=6$。

Kim 等给出的三维分形模型，假设裂缝为圆盘形状，模拟区为长宽高相等的箱体。这与实际裂缝形态不一致。现采用等效面积方法将圆盘模型校正为矩形模型，其中天然裂缝的长度分布遵从幂律分布，而非正态分布。因此，使用幂律分布模拟天然裂缝的长度：

$$r = \left[l_{min}^{-D_c} - F(l_{min}^{-D_c} - l_{max}^{-D_c}) \right]^{\frac{1}{D_c}} \qquad (4-9)$$

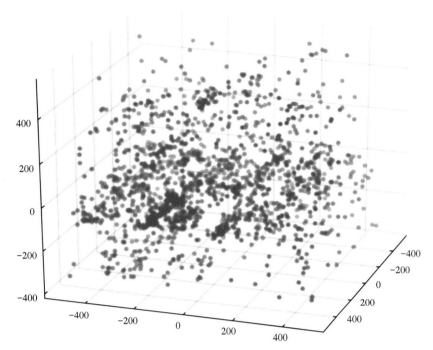

图 4-5 三维天然裂缝中心点的位置分布

式中 r——天然裂缝的主长度，m；

D_c——二维分形维数；

l_{min}、l_{max}——分别为最小天然裂缝长度与最大天然裂缝长度，m；

F——0 至 1 范围内的随机数。

裂缝方位角满足 Fisher 分布函数，特定裂缝方位角偏离所有裂缝方位角中值 θ_{avg} 的角度 $R_{F,K}^i$ 为

$$R_{F,K}^i = \cos^{-1}\left[\frac{\ln(1 - R_{G,1}^i)}{K} + 1\right] \qquad (4-10)$$

式中 $R_{G,1}^i$——0~1 的高斯随机数。

特定裂缝方位角 θ_i 满足：

$$\theta_i = R_{F,K}^i + \theta_{avg} \qquad (4-11)$$

图 4-6 给出了一组裂缝的三维裂缝分布模拟图，其中 $\alpha = 1.5$，$L_x = 2400\text{m}$，$L_y = 2400\text{m}$，$L_z = 50\text{m}$，$l_{min} = 30\text{m}$，$l_{max} = 250\text{m}$，倾角及走向满足正态分布，其中倾角 $\mu = 90°$、$\sigma = 1$，走向 $\mu = 90°$、$\sigma = 5$。

图 4-6 中主要反映了 α_{3D} 和 D_{c3D} 参数控制下的三维空间裂缝分布形态：

（1）α_{3D} 参数决定了长裂缝与短裂缝的数量比例（取值范围 3~∞），当 $\alpha_{3D} = 3$ 时，模型

中长裂缝数量占主导地位，随着 α_{3D} 值增加模型中长裂缝数量比重降低；当 α_{3D} 趋近于无穷大时，模型中所有裂缝长度一致且等于最小裂缝长度 l_{min}；

（2）D_{c3D} 参数决定了裂缝分布的非均质性（取值范围 $2\sim3$），当 $D_{c3D}=2$ 时，裂缝分布不均匀且成簇出现，空白区域多；随着 D_{c3D} 值增加，裂缝分布趋于均匀；

（3）当 $\alpha_{3D}=\infty$、$D_{c3D}=3$ 时，裂缝系统长度一致且均匀分布。

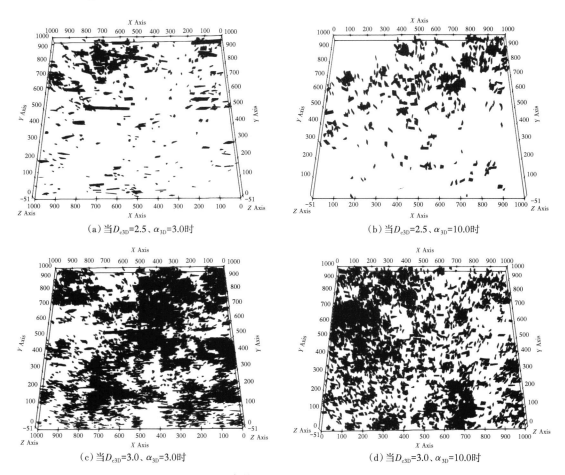

（a）当 D_{c3D}=2.5、α_{3D}=3.0时　　　　　　（b）当 D_{c3D}=2.5、α_{3D}=10.0时

（c）当 D_{c3D}=3.0、α_{3D}=3.0时　　　　　　（d）当 D_{c3D}=3.0、α_{3D}=10.0时

图 4-6　D_{c3D} 和 α_{3D} 参数对三维分形裂缝形态及分布的影响

图 4-7 给出了两组裂缝条件下天然裂缝长度、走向及倾角的统计结果。其中图 4-7（a）横坐标为裂缝参数，纵坐标为裂缝参数对应的裂缝数量。这些天然裂缝的方位角和倾角由高斯正态分布决定。

现将三维裂缝描述为矩形，对应的裂缝高度则由 $0\sim1$ 中生成的随机数与天然裂缝的主长度的乘积决定。基于裂缝中心点、长度、高度、走向及倾角等几何参数的计算结果，进行组合计算，获得三维分形裂缝形态的几何分布图（图 4-8）。

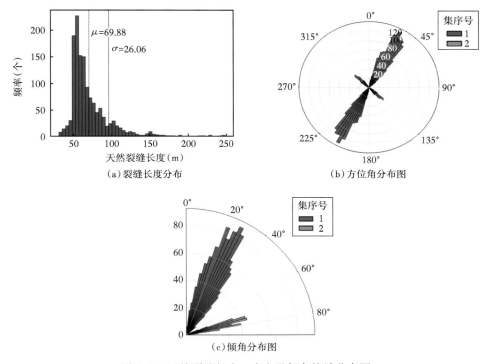

（a）裂缝长度分布　　　　　（b）方位角分布图

（c）倾角分布图

图 4-7　天然裂缝长度、走向及倾角统计分布图

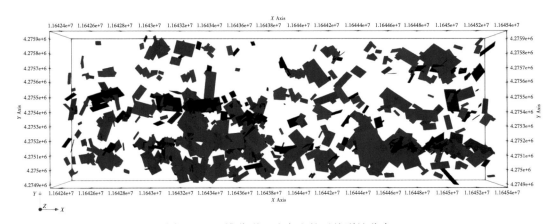

图 4-8　三维分形理论产生的天然裂缝分布

2. 模型验证

三维分形离散裂缝模型是基于二维模型所进行的算法改进，为了便于直观分析，这里以二维模型为例进行验证。控制二维分形离散裂缝模型的参数包括：二维裂缝分布的分形维数 D_c、二维裂缝长度分布的分形维数 D_l、二维裂缝密度常数 α 及裂缝方位角中值。算例中设定生成区域尺寸为 10m×10m，最小裂缝长度 $l_{min}=0.05\mathrm{m}$，其余所需分形

参数值见表4-1中的输入值，将所有参数输入分形裂缝生成模型中，获得分形离散裂缝网络。

表4-1 输入分形参数及分形离散裂缝网络计算参数对比表

分形参数来源	D_c	D_l	α	方位角中值
模型输入值	1.6	1.5	3.5	N43°E
拟合值	1.512	1.520	3.203	N43.31°E

如图4-9所示，模型共生成9326条裂缝，其中图4-9（a）为分形离散裂缝形态展布，图4-9（b）为裂缝方位角统计，图4-9（c）为裂缝中心点的统计分布，图4-9（d）为裂缝长度的统计分布。

根据图4-9（b）中玫瑰花统计图、图4-9（c）～（d）中拟合曲线，基于式（4-5）和式（4-6），通过数据拟合能够重新获得裂缝分形参数，拟合结果及原始输入值总结见表4-1。

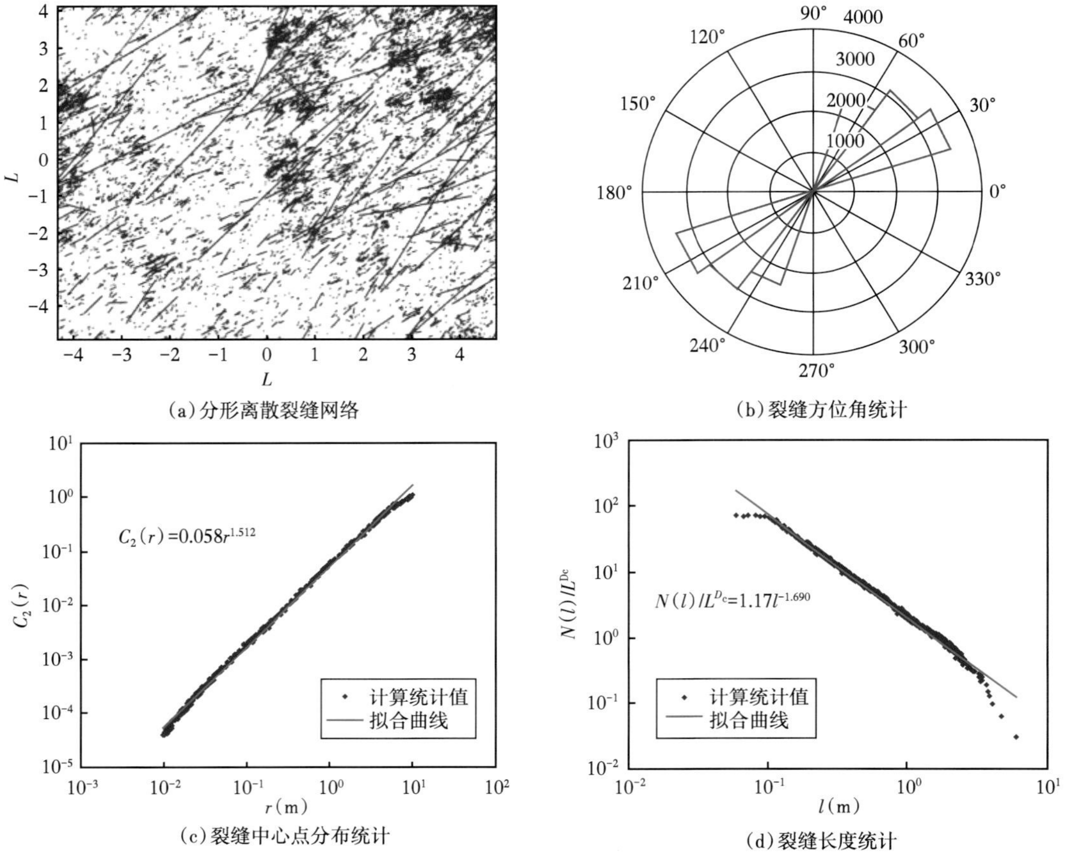

（a）分形离散裂缝网络

（b）裂缝方位角统计

$C_2(r)=0.058r^{1.512}$

（c）裂缝中心点分布统计

$N(l)/L^{D_c}=1.17l^{-1.690}$

（d）裂缝长度统计

图4-9 算例1生成分形离散裂缝网络及裂缝属性统计

模拟结果表明，D_c、D_1 及裂缝方位角中值的原始输入值和拟合结果基本一致，α 的计算结果虽然与输入值有一定差异，但仍在误差范围之内，证明了分形裂缝生成算法的可靠性。根据可靠的二维分形离散裂缝生成算法能够获得精确的三维分形裂缝网络模型。

第三节　人工裂缝模型

天然裂缝与人工裂缝的相互作用，与压裂改造紧密结合。使用 Weng[72] 和 Kresse[71] 等提出的非常规裂缝模型（unconventional fracture model，UFM）考虑了水力裂缝尖端与天然裂缝相交时的相互作用，同时能够考虑压裂液在裂缝内的一维流动、支撑剂的在裂缝内运移和裂缝宽度的弹性变形，并且能够充分考虑储层非均质性、应力各向异性、水力裂缝与天然裂缝的相互作用（离散天然裂缝网络）、水力裂缝间的相互作用（应力阴影效应）。

一、裂缝扩展模型

使用位移不连续法对裂缝进行边界元离散。弹性区域内各个点处的应力等于区域内所有点处发生的位移不连续影响线性叠加（即应力阴影效应），则第 i 个边界元上的正应力、切应力满足：

$$\begin{cases} \sigma_n^i = \sum_{j=1}^{N_f} C_{ns}^{ij} D_s^j + \sum_{j=1}^{N_f} C_{nn}^{ij} D_n^j \\ \sigma_s^j = \sum_{j=1}^{N_f} C_{ss}^{ij} D_s^j + \sum_{j=1}^{N_f} C_{sn}^{ij} D_n^j \end{cases} \tag{4-12}$$

式中　σ_s——切应力；

　　　σ_n——正应力；

　　　D_s——剪切位移不连续量；

　　　D_n——法向位移不连续量；

　　　C_{ns}、C_{nn}、C_{ss}、C_{sn}——弹性影响系数矩阵。

由于裂缝宽度远远小于裂缝长度，忽略裂缝宽度方向的流动，仅考虑压裂液沿裂缝扩展方向上的一维流动。随着压裂液注入，裂缝内流体压力、裂缝宽度和裂缝尖端应力强度因子不断增加，当裂缝尖端处岩石变形达到临界点时，裂缝开启并且沿特定方向继续延伸。

根据线性弹性断裂力学，当开启型裂缝尖端应力强度因子（K_I）等于岩石断裂韧性（K_{IC}）时，裂缝即发生开启。而裂缝延伸方向（θ）将遵循最大圆周应力准则，满足如下公式：

$$\tan\frac{\theta}{2} = \frac{1}{4}\frac{K_I}{K_{II}} \pm \frac{1}{4}\sqrt{\left(\frac{K_I}{K_{II}}\right)^2 + 8} \tag{4-13}$$

式（4-13）中，开启型（K_I）和滑移型（K_{II}）应力强度因子分别是关于裂缝尖端处的剪切、法向方向位移不连续量与杨氏模量、泊松比的函数，可以通过 Olson 公式获得。将岩石变形和缝内流体流动的控制方程在相同的边界元网格上离散，在每一个时间步中，增加新的计算单元，使用牛顿迭代法求解非线性方程组，以确定新增单元的长度和延伸方向。裂缝的延伸过程即为新增单元的过程。

当存在天然裂缝时，水力裂缝与天然裂缝将产生相互作用。根据水力裂缝与天然裂缝相交处的最大拉应力与天然裂缝面的正应力、剪应力及岩石抗张强度之间的关系，可以判别裂缝扩展路径，共三种典型模式：（1）水力裂缝未穿过天然裂缝，沿天然裂缝转向延伸；（2）水力裂缝穿过天然裂缝，天然裂缝部分开启；（3）水力裂缝穿过天然裂缝，且沿天然裂缝转向延伸。水力裂缝能否穿过天然裂缝可根据非正交判别图版，基于正交判别准则，当考虑界面处内聚力后判别准则可修正为：

$$\frac{S_0/\vartheta-\sigma_{\mathrm{H}}}{T_0-\sigma_{\mathrm{h}}}>\frac{0.35+0.35/\vartheta}{1.06} \tag{4-14}$$

式中　　ϑ——摩擦系数，定义为两表面间摩擦力与作用在表面上的垂直应力的比值；对于多数岩石该值在 0.1~0.9 之间；

T_0——岩石抗拉强度，MPa；

S_0——界面内聚力；

σ_{H}——最大水平主应力，MPa；

σ_{h}——最小水平主应力，MPa。

图 4-10 为不同天然缝与人工缝夹角（15°~90°）条件下的非正交判别图版，分析可知，当人工裂缝与天然缝夹角越趋近 90°（即正交），水力缝越易穿过天然裂缝，当最大水平主应力与最小水平主应力相差较大时，水力裂缝也更易穿过天然裂缝。

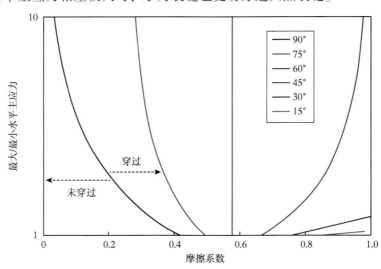

图 4-10　水力裂缝穿过天然裂缝判别图版（$T_0=0$，$S_0=0$）

当水力裂缝未与天然裂缝相交时，天然裂缝能否开启取决于人工裂缝内流体压力、最大（最小）水平主应力及天然裂缝夹角的关系：

$$\frac{(p_f-\sigma_H)+(p_f-\sigma_h)}{\sigma_H-\sigma_h}>-\cos(2\alpha) \tag{4-15}$$

式中　p_f——裂缝内流体压力，MPa；

　　　α——天然缝方位角与最大水平主应力之间的夹角。

从式（4-15）可以看出，天然裂缝开启所要求的净压力随着夹角增大而增加，随着水平主应力差减小而降低，通过提高缝内净压力或减小水平主应力差来增加主裂缝周围天然裂缝开启的概率。

在多地层模型中，裂缝高度是取决于地应力、界面力学属性、断裂韧度、压裂液滤失、岩石力学属性（包括杨氏模量、剪切模量、泊松比、抗拉强度等）等因素。其中，地应力是控制裂缝高度的最重要因素，其值越大，裂缝高度越小；界面力学性质越弱，裂缝高度越易保持不变；高断裂韧度能够控制裂缝高度的增加，但断裂韧度只在裂缝高度较小时发挥作用；较高的杨氏模量能够降低裂缝高度、增加压降，进而形成较小裂缝高度；压裂液滤失率较高将引起缝内流体压力降低，阻碍裂缝高度增加。

当缝高模型不考虑垂直方向上的流体流动和压力梯度影响时，该模型本质上是多地层裂缝平衡高度力学模型。裂缝高度与裂缝上尖端强度因子（K_{I-}）、下尖端强度因子（K_{I+}）之间关系满足：

$$K_{I\pm}=\sqrt{\frac{\pi h_f}{2}}p_{net}+\sqrt{\frac{2}{\pi h_f}}\sum_{i=1}^{n}(\sigma_{i+1}-\sigma_i)\left[\frac{h_f}{2}\arccos\left(\frac{h_f-2h_i}{h_f}\right)\pm\sqrt{h_i(h_f-h_i)}\right] \tag{4-16}$$

式中　h_f——裂缝高度，m；

　　　σ_i——第 i 层地应力，MPa；

　　　h_i——从裂缝尖端到第 i 层地层顶部的高度，m；

　　　n——缝高穿透的地层数量。

其中，净压力 p_{net} 满足：

$$p_{net}=\begin{cases}p_{cp}-\sigma_n+\rho_f g(h_{cp}-0.75h_f)，& K_I=K_{I-}\\p_{cp}-\sigma_n+\rho_f g(h_{cp}-0.25h_f)，& K_I=K_{I+}\end{cases} \tag{4-17}$$

式中　σ_n——地层顶部地应力，MPa；

　　　h_{cp}——参考深度，一般选射孔段深度，m；

　　　p_{cp}——参考深度处裂缝内的流体压力，MPa；

　　　ρ_f——流体黏度，mPa·s。

当考虑缝高方向上的压力梯度时，该模型能够改进为非平衡高度模型。

二、裂缝网络模拟

使用压裂模型，通过建立二维平面地质力学模型模拟考虑天然裂缝下的人工裂缝延伸规律。其中天然裂缝设定为两组随机均匀正交分布的裂缝系统，其他模型参数包括地质力学性质参数、地应力参数和压裂泵入参数等（表4-2）。

表4-2　页岩储层基础地质及压裂施工参数

参数	单位	数值	参数	单位	数值
最小水平主应力	MPa	66.18/71.18	压裂段数		18
最大水平主应力	MPa	76.18/76.18	单段簇数		3
最大主应力方向	°	0	簇间距	m	20
杨氏模量	GPa	31.32	泵注流速	m^3/min	13
泊松比		0.24	泵注时间	min	115
岩石断裂韧度	$MPa \cdot m^{0.5}$	1.098	压裂施工压力	MPa	42
岩石抗拉强度	MPa	24.52	天然裂缝方位角	°	45/135
单轴抗压强度	MPa	70.50	天然裂缝长度中值	m	50
摩擦系数		0.46	天然裂缝间距中值	m	30

研究表明除岩石力学参数外，水平主应力差是影响水力裂缝在天然裂缝内延伸的最主要因素，图4-11模拟了天然裂缝与人工裂缝90°夹角下主应力差对人工裂缝延伸的影响。当地应力差较小时［图4-11(a)］，初期主裂缝内流体压力较高，满足模式③，随着裂缝内压力降低迅速，满足模式②，人工裂缝更易沿天然裂缝延展；每段中各簇裂缝形态差异性较大，缝网宽度和增产改造面积较大，带长较短，形成更为复杂的裂缝网络。当地应力差较大时［图4-11(b)］，满足模式②，人工裂缝不易弯曲、易形成直缝，并且每段中各簇裂缝长短差异性较小，天然裂缝被激活形成分支缝，与主裂缝组成复杂缝网；激活的天然裂缝在较小范围内达到最大主应力方向，裂缝内压力递减较快，带长方向延伸较远，裂缝向外扩展较难，形成的缝网带宽较小。

UFM模型能够模拟裂缝网络在三维空间中的非对称和不规则形态，模拟出的裂缝网络更为复杂（图4-11）。

在水力压裂复杂缝网模拟过程中，通过实际井下裂缝监测数据对水力裂缝几何形态进行拟合标定，使水力缝网模拟结果忠实于裂缝监测数据，提高水力缝网模拟的准确性，同时通过压裂泵注数据进行历史拟合对水力裂缝参数的进一步校正，得到水力裂缝展布形态和参数（图4-12）。

在地质模型、天然裂缝模型和地质力学模型基础上，根据综合地学模型提供的构造、属性、天然裂缝系统和应力分布数据，使用压裂增产改造设计模块模拟水力裂缝扩展形态，并对裂缝监测数据和压裂泵注数据进行历史拟合。以川南某平台中两口水平井为例，如图4-13、图4-14所示，通过实际压裂监测数据对水力裂缝几何形态进行拟合

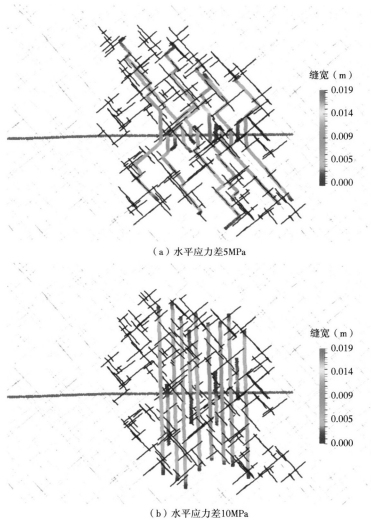

（a）水平应力差5MPa

（b）水平应力差10MPa

图4-11　不同地应力差缝网模拟结果

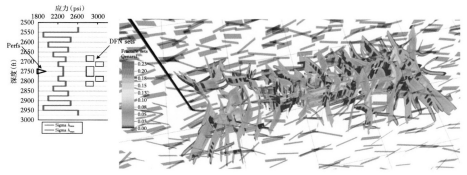

图4-12　复杂天然裂缝系统储层水力缝网建模及模拟[36]

标定，提高水力缝网模拟准确性。具体地讲，通过压裂泵注数据进行历史拟合对水力裂缝参数进行进一步校正，根据拟合获得的水力压裂裂缝展布形态与参数，用以评价压裂施工效果。

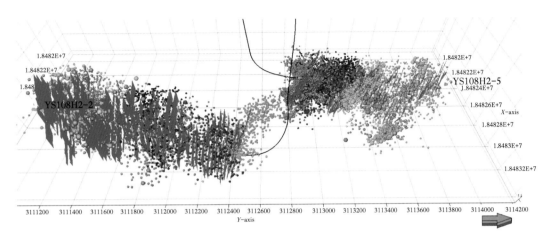

图 4-13　YS108H2-2 井和 YS108H2-5 井水力缝网拟合微地震数据（俯视图）

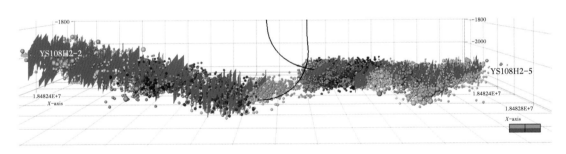

图 4-14　YS108H2-2 井和 YS108H2-5 井水力缝网拟合微地震数据（侧视图）

　　根据模拟结果，统计 YS108H2-2 井和 YS108H2-5 井水力缝网结果（图 4-15、图 4-16）。

　　（1）H2-2 井水力缝长 38～831m，平均值为 405m；支撑缝长 35～677m，平均值为 345m；水力缝高 29～108m 平均值为 68m；支撑缝高 21～105m，平均值为 57m。

　　（2）H2-5 井水力缝长 49～712m，平均值为 321m；支撑缝长 0～606m，平均值为 231m；水力缝高 2～107m，平均值为 58m；支撑缝高 0～105m，平均值为 52m。

　　建立高分辨率地学概念模型，参考上述水平箱体优化和压裂参数优化结果，在模型中建立不同井距（200m、300m、400m）条件下的 4 口虚拟水平井 100% 钻遇在龙一$_1^1$ 小层，水平段长 1500m，每井均压裂改造 21 段，每级射孔 3 簇。参考目前井区储层改造实际施工规模和液体排量。不同井距条件下，受级间、井间应力阴影影响的双水平井拉链式压裂的裂缝形态模拟结果如图 4-17 所示。

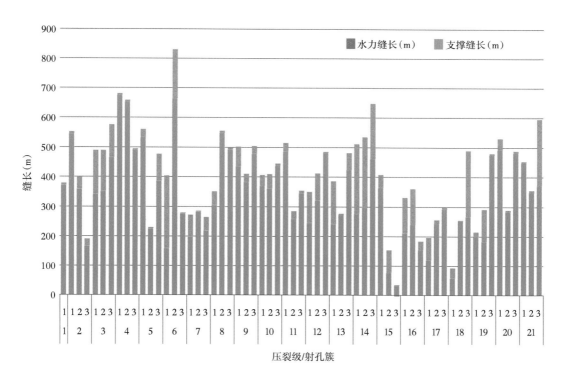

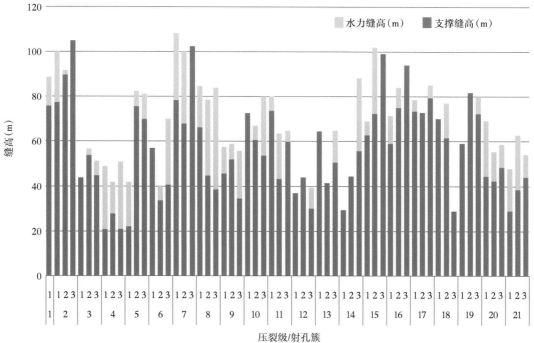

图 4-15　YS108H2-2 井水力缝网模拟结果

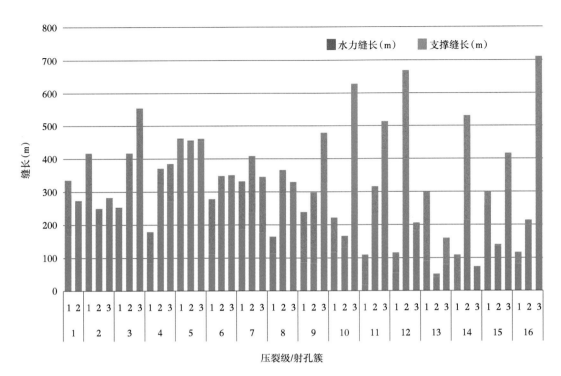

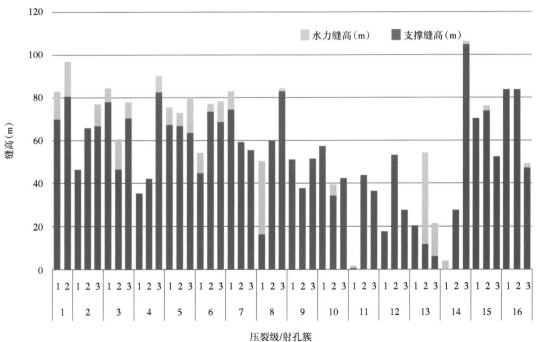

图 4-16 YS108H2-5 井水力缝网模拟结果

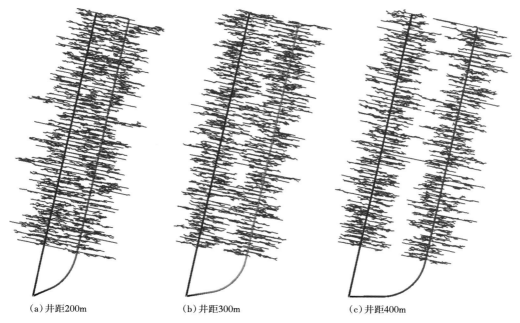

(a) 井距200m　　　　(b) 井距300m　　　　(c) 井距400m

图 4-17　不同井距条件下人工裂缝延展模拟

第四节　气藏生产动态模拟

一、嵌入式离散裂缝模拟

1. 气体渗流数学模型

采用黑油模型进行流动模拟[47-51]，考虑页岩气地质和开发特征模型做如下假设。

（1）储层均质、水平、等厚，平面基质渗透率各向同性，考虑到层理影响气体纵向流动，纵向渗透率为平面渗透率的 0.1 倍。

（2）气藏采用三维单孔数值模型，模型包括三个不同尺度空间：基质、天然裂缝和人工裂缝。基质系统采用规则正交网格，裂缝系统（天然裂缝+人工裂缝）使用 EDFM 产生的虚拟网格描述，该方法的最大优点在于考虑了各类孔隙间的流体传递特征。

（3）为简化气体解吸过程，本文采用瞬时解吸模型考虑吸附气解吸过程，模拟吸附气模型采用 BET 多层等温吸附模型：

$$V_{ag} = \frac{V_m C p / p_o}{1 - p / p_o} \left[\frac{1 - (n+1)(p/p_o)^n + n(p/p_o)^{n+1}}{1 + (C-1)p/p_o - C(p/p_o)^{n+1}} \right] \tag{4-18}$$

式中　V_{ag}——吸附气体积，m³；

　　　p——孔隙压力，MPa；

p_o——气相饱和压力，MPa；

V_m——最大吸附气体积，m^3；

C、n——实验常数。

当 $n=1$ 时，BET 多层模型简化为朗格缪尔等温吸附模型：

$$V_{ag} = V_L \frac{p}{p+p_L} \tag{4-19}$$

式中　V_L——朗格缪尔气体体积（$V_L = V_m$），m^3；

　　　p_L——朗格缪尔气体压力（$p_L = p_o/C$），MPa。

（4）考虑生产过程中的压裂液返排，裂缝内流动满足气水两相流动。使用 Corey 型相渗模型，即：

水相：
$$K_{rw} = K_{rw}^o \left(\frac{S_w - S_{wirr}}{1 - S_{wirr} - S_{gr}} \right)^{N_w} \tag{4-20}$$

气相：
$$K_{rg} = K_{rg}^o \left(\frac{1 - S_w - S_{gr}}{1 - S_{wirr} - S_{gr}} \right)^{N_g} \tag{4-21}$$

式中　K_{rw}——水相相对渗透率，无量纲；

　　　K_{rg}——气相相对渗透率，无量纲；

　　　S_g——气相饱和度，%；

　　　S_w——水相饱和度，%；

　　　S_{gr}——气相端点饱和度，%；

　　　S_{wirr}——水相端点饱和度，%；

　　　K_{rw}^o、K_{rg}^o——实验测定的无量纲值。

模型采用非平衡态初始化方法，其中裂缝内含水饱和度较高，基质内含水饱和度低于束缚水饱和度。

（5）考虑人工裂缝系统内渗透率应力敏感效应，渗透率随压力变化，满足衰减公式：

$$K = K_i \exp \left[-\gamma (p_i - p) \right] \tag{4-22}$$

式中　γ——渗透率衰减常数，MPa^{-1}；

　　　p_i——原始地层压力，MPa；

　　　K_i——原始地层压力下的渗透率，mD。

（6）考虑流体重力及相态间毛细管力。

可将气水两相可视为无传质现象的两个组分。根据达西定律，组分 j（$j = g$ 代表气相，$j = w$ 代表水相）的体积流速满足：

$$\mu_j = -\frac{K K_{rj}}{\mu_j} (\nabla p_j - \gamma_j \nabla D) \tag{4-23}$$

式中　μ_j——流体黏度，mPa·s；

　　　K——绝对渗透率，mD；

　　　K_{rj}——气相相对渗透率或水相相对渗透率；

　　　γ_j——流体重度，g/（cm·s）^{2}；

　　　D——地层深度，m。

裂缝和基质的流动特性通过 K 和 K_{rj} 来区别表征。

将式（4-23）与质量守恒方程结合，获得气相和水相的压力控制方程：

$$\begin{cases} \dfrac{\partial}{\partial t}\left[\phi S_{\mathrm{g}}(1-c_{\mathrm{ag}})\rho_{\mathrm{g}}+(1-\phi)\rho_{\mathrm{s}}V_{\mathrm{ag}}\rho_{\mathrm{ag}}\right]+\vec{\nabla}\cdot(\rho_{\mathrm{g}}\vec{\mu}_{\mathrm{g}})=\dfrac{q_{\mathrm{g}}}{V_{\mathrm{b}}} \\ \dfrac{\partial}{\partial t}(\phi S_{\mathrm{w}}\rho_{\mathrm{w}})+\vec{\nabla}\cdot(\rho_{\mathrm{w}}\vec{u}_{\mathrm{w}})=\dfrac{q_{\mathrm{w}}}{V_{\mathrm{b}}} \end{cases} \tag{4-24}$$

式中　ϕ——孔隙度，%；

　　　c_{ag}——吸附气占据的孔隙体积分数（即吸附气体积与孔隙体积比值）；

　　　ρ_{g}——气体密度，g/cm^3；

　　　ρ_{s}——岩石密度，g/cm^3；

　　　V_{ag}——单位质量岩石所吸附的气体体积，m^3/kg；

　　　ρ_{ag}——吸附气密度，g/cm^3；

　　　q_{g}——气体采出量或注入量，m^3；

　　　V_{b}——微元体积，m^3。

使用正交网格对数学模型［式（4-24）］进行有限差分处理。对于无裂缝嵌入的网格，该网格仅与其他邻近网格连接；而对于有裂缝嵌入的网格，该网格还要与裂缝连接。可使用自主研发的离散裂缝技术（EDFM）对裂缝连接进行处理[52]：（1）根据裂缝与正交网格的分布特征，裂缝被网格分解为一系列的裂缝元并产生相应的虚拟网格作为裂缝计算域，由此实际物理域被分解为两套网格系统（即真实的基质网格和虚拟的裂缝网格）；（2）虚拟网格通过非邻近连接对（NNC）与实际网格和其他虚拟网格耦合，裂缝通过有效井筒连接系数（WI$_{\mathrm{f}}$）与井筒耦合。在使用正交网格基础上，EDFM 技术能够在保持规则网格计算高效性的基础上，提高等效处理方法来快速模拟复杂裂缝系统计算问题。

图 4-18 提供了裂缝虚拟网格的生成过程以及与基质网格的连接。图 4-18（a）为实际物理模型，其中共有 3 个基质网格和 2 条裂缝。图 4-18（b）为对应的计算域，基质块和裂缝元在计算域中均有对应的网格，基质块对应网格 1~3，裂缝 1 对应网格 4~6，裂缝 2 对应网格 7。

为了保证处理前后裂缝体积的一致性，虚拟的裂缝网格孔隙度应满足：

$$\phi_{\mathrm{f}}=\frac{V_{\mathrm{f}}}{V_{\mathrm{b}}}=\frac{S_{\mathrm{seg}}w_{\mathrm{f}}}{V_{\mathrm{b}}} \tag{4-25}$$

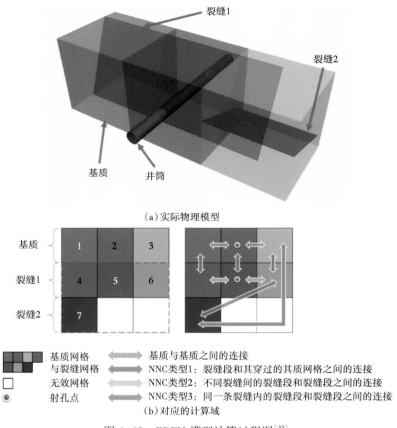

（a）实际物理模型

基质	1	2	3
裂缝1	4	5	6
裂缝2	7		

基质网格
与裂缝网格   基质与基质之间的连接

□ 无效网格   NNC类型1：裂缝段和其穿过的其质网格之间的连接

◉ 射孔点   NNC类型2：不同裂缝间的裂缝段和裂缝段之间的连接

NNC类型3：同一条裂缝内的裂缝段和裂缝段之间的连接

（b）对应的计算域

图 4-18 　EDFM 模型计算过程图[33]

式中 　ϕ_f——裂缝网格孔隙度，%；

$\quad\quad V_f$——裂缝体积，m^3；

$\quad\quad V_b$——网格体积，m^3；

$\quad\quad S_{seg}$——裂缝面面积，m^2；

$\quad\quad w_f$——裂缝宽度，m。

2. 非邻近连接对传导率计算

EDFM 技术核心在于 NNC 计算，主要用于处理物理模型上相邻但在计算域上不相邻网格之间的流量交换。图 4-18（b）显示了三种 NNC 类型，包括裂缝与基质间的连接、同一条裂缝内裂缝元间的连接、不同裂缝间相交时的连接。非邻近连接对之间通过传导率连接，网格之间的流体流速 q 满足：

$$q = \lambda_1 \cdot T_{NNC} \cdot \Delta p \tag{4-26}$$

非邻近网格连接对的传导率 T_{NNC} 计算通式为：

$$T_{NNC} = \frac{K_{NNC} A_{NNC}}{d_{NNC}} \tag{4-27}$$

式中　A_{NNC}——连接对之间的接触面积，m^2；

　　　d_{NNC}——连接对间距离，m；当裂缝与基质间连接时 d_{NNC} 为基质块到裂缝面的平均距离，当裂缝与裂缝连接时 d_{NNC} 为裂缝元之间的法向距离；

　　　K_{NNC}——连接渗透率，mD；当裂缝与基质间连接时 K_{NNC} 为基质渗透率，当裂缝与裂缝连接时 K_{NNC} 为裂缝平均渗透率。

1）基质—裂缝连接

基质—裂缝连接对的传导率计算结果取决于基质渗透率和裂缝几何形状。当裂缝与基质间连接时，假设裂缝完全贯穿基质，基质网格内压力梯度均匀且垂直于裂缝面（图 4-19）。

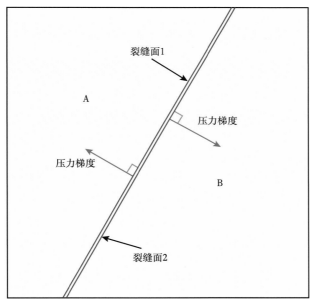

图 4-19　基质与裂缝元之间连接示意图

则基质—裂缝间的非邻近网格连接传导率 T_{f-m} 计算公式满足：

$$T_{f-m} = \frac{2A_f(K \cdot n) \cdot n}{d_{f-m}} \tag{4-28}$$

式中　A_f——裂缝单侧壁面面积，m^2；

　　　K——基质渗透率张量，mD；

　　　n——裂缝面上单位法向量；

　　　d_{f-m}——从裂缝到基质的平均法向距离，m。

其中，d_{f-m} 计算式为：

$$d_{f-m} = \frac{1}{V}\int_V x_n dV \tag{4-29}$$

式中　V——基质元的体积；

　　　dV——基质体积元；

　　　x_n——体积元到裂缝面的距离。

如果裂缝没有完全穿透基质元，为了提高传导率计算的连贯性，这里假设传导率与基质元内裂缝片的面积成正比。

2）同一条裂缝片内裂缝元间的连接

同一条裂缝面可以分解为一系列的带有不同形状的裂缝元，包括三角形、四边形、五边形等。两个相邻裂缝元之间的传导率近似满足：

$$T_{seg} = \frac{\dfrac{K_f A_c}{d_{seg1}}\dfrac{K_f A_c}{d_{seg2}}}{\dfrac{K_f A_c}{d_{seg1}}+\dfrac{K_f A_c}{d_{seg2}}} \tag{4-30}$$

式中　K_f——裂缝渗透率，mD；

　　　A_c——两个单元之间的共同面积，m^2；

　　　d_{seg1}、d_{seg2}——分别为裂缝元1、裂缝元2的重心分别到共同面的距离，m。

3）裂缝—裂缝连接

当裂缝与裂缝相交时，在交点处使用传导率来近似表征实际的流体流动，其中传导率公式为：

$$T_{int} = \frac{(K_{f1}w_{f1}L_{int})\cdot(K_{f2}w_{f2}L_{int})}{d_{f2}K_{f1}w_{f1}L_{int}+d_{f1}K_{f2}w_{f2}L_{int}} \tag{4-31}$$

式中　L_{int}——缝面相交处的直线长度，m；

　　　K_{f1}、K_{f2}——分别为两条裂缝渗透率，mD；

　　　w_{f1}、w_{f2}——分别为两条裂缝开度，m；

　　　d_{f1}、d_{f2}——分别为从分解的裂缝元到相交线法向距离的加权平均值（图4-20）。

在图4-19中，相应的法向距离为：

$$\begin{cases} d_{f1} = \int_{S_1} x_n dS_1 + \int_{S_3} x_n dS_3 \\ d_{f2} = \int_{S_2} x_n dS_2 + \int_{S_4} x_n dS_4 \end{cases} \tag{4-32}$$

式中　dS_i——面积元；

　　　S_i——裂缝微元的面积；

　　　x_n——面积元到交叉线的距离。

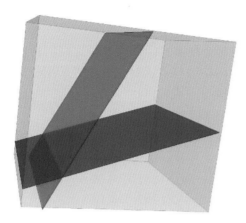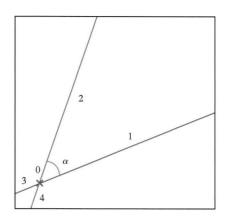

图 4-20　裂缝连接示意图

4）裂缝与井筒连接

基于式（4-27），对于裂缝与井筒连接，Peaceman 模型修正计算有效井筒系数：

$$\mathrm{WI_f} = \frac{2\pi K_f w_f}{\ln(0.14\sqrt{L^2 + W^2}/r_w)} \tag{4-33}$$

式中　$\mathrm{WI_f}$——裂缝—井筒连接系数；

　　　r_w——井筒半径，m；

　　　L——裂缝段长度，m；

　　　W——裂缝段高度，m。

3. 模型验证

对比局部加密网格（LGR）、非结构化网格（PEBI）和嵌入式离散裂缝模型（EDFM）计算结果，以验证模型可靠性及计算效率。考虑到 LGR 方法刻画裂缝的局限性，使用规则的分段压裂水平井作为算例验证，气藏尺寸为 1700m×400m×20m，纵向上设定为单层网格且假设裂缝完全贯穿，裂缝开度为 0.01m，裂缝孔隙度为 35%，气井保持 1.5MPa 恒定压力生产，模拟时长 20 年，其他基础参数见表 4-3。

表 4-3　模型基础参数

参数	数值	单位	参数	数值	单位
气藏初始压力	44.9	MPa	裂缝数	28	条
气藏初始温度	100	℃	裂缝高度	20	m
基质渗透率	0.0001	mD	裂缝间距	50	m
基质孔隙度	7	%	裂缝孔隙度	35	%
基质含水饱和度	10	%	裂缝半长	105	m
岩石压缩系数	4.35×10^{-4}	MPa^{-1}	裂缝导流能力	100	mD·m
水平段长度	1550	m	裂缝含水饱和度	130	%

  LGR 模型和 EDFM 模型中基础网格数 170×40×1。在 LGR 模型中，垂直裂缝面方向采用对数加密原则剖分网格，沿裂缝面方向采用均匀加密网格，考虑到裂缝所在的网格宽度（w_e）远大于真实裂缝宽度（w_f），根据裂缝体积不变准则，LGR 模型中裂缝网格对应的等效孔隙度为 $\phi_e=\phi_f w_f/w_e$；PEBI 网格具有非结构网格的特点，对裂缝附近采用径向网格局部加密，并根据裂缝周围流场构建网格。EDFM 模型中裂缝以虚拟网格的形式与原始基础网格连接，裂缝真实属性通过显式公式描述，无须做等效处理。

  图 4-21 对比了 LGR、PEBI 和 EDFM 三种方法模拟的气井生产动态数据，其中 EDFM 和 PEBI 结果吻合度极高，LGR 受制于网格剖分程度存在一定误差，但仍在误差范围之内。需要强调的是，LGR 模拟结果与网格剖分程度有关，裂缝附近网格越密，计算精度越高，但模型计算量也大幅度增加。

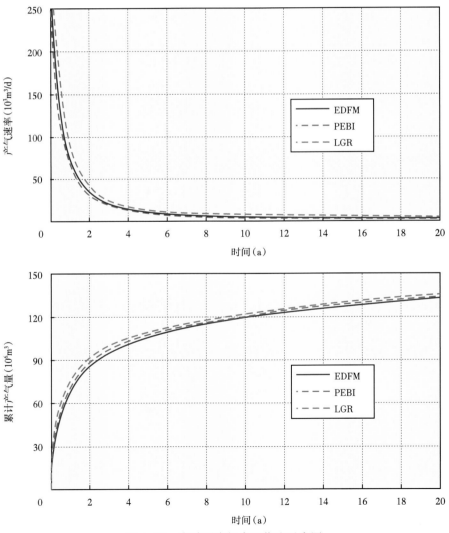

图 4-21 自动历史拟合工作流示意图

图 4-22 为三种方法模拟的生产 1000 天时压力分布，EDFM 模拟的产量、压力分布与 LGR 和 PEBI 模拟结果高度一致，证实了 EDFM 方法的计算精度。

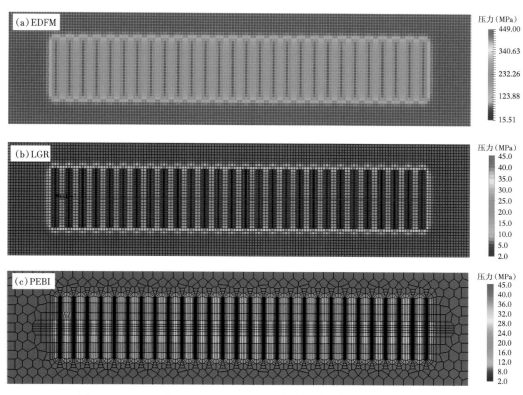

图 4-22　EDFM 和 LGR、PEBI 三种方法模拟的生产 1000 天地层压力分布

表 4-4 对比了 EDFM、LGR 和 PEBI 三种方法的计算效率。LGR 三种方法需要大量裂缝网格描述裂缝周边区域的流动特征，由于正交网格本身的局限性，LGR 方法难以刻画复杂裂缝网络，而且当地层渗透率较低时需要更为精细的网格，大幅增加了计算量；PEBI 方法虽然整体网格数最少，但需要大量裂缝网格刻画裂缝，而且当描述复杂裂缝网络时，需要更多的裂缝细化网格以计算裂缝交点间的流体交换，严重影响计算效率。对比来看，EDFM 方法在保证计算精度的同时能够大幅降低裂缝网格数量，显著节约模拟成本、提高模拟效率，尤其面对构型复杂的裂缝网络时，EDFM 方法的计算优势更为明显。

表 4-4　EDFM 和 LGR、PEBI 三种方法计算效率对比

模拟方法	基础网格数	总网格数量	裂缝网格数量	总时间步数	计算耗时（s）
LGR	6800	9096	2296	201	257
PEBI		5817	1975	201	185
EDFM	6800	7440	640	201	120

二、智能化历史拟合技术

人工智能主要通过使用相关的机器学习算法体现的[51]。智能化历史拟合方法与一般的自动历史拟合方法相比具有以下优势：

（1）一般的自动历史拟合通常使用蒙特卡洛取样方法，智能化历史拟合方法采用马尔科夫链—蒙特卡洛（MCMC）机器学习算法，此方法使采样过程记忆化，可以在更短时间、更少样本数量的条件下生成具有代表后验分布特征的高质量样本；

（2）一般自动历史拟合普遍运用牛顿优化算法、粒子群优化算法、遗传算法等普通优化算法。尽管这些算法可以达到最小化目标函数的目的，但这些传统算法容易陷入多维不确定空间的局部最小误差阈。通过结合人工智能高阶算法+智能取样方法（MCMC），可充分在高维不确定性空间内进行取样并寻找全局最小误差；

（3）一般自动历史拟合需要运行大量的模拟实例，而智能化历史拟合则通过人工智能方法在历史生产曲线上选取具有代表性产量趋势的特征点，自动建立不确定参数组合及目标函数的关联，避免了大量运行实际模拟模型低效率的弊端。

气藏自动历史拟合本质是求取目标函数最小值的方法。利用 EDFM 处理复杂裂缝的强大能力，结合马尔科夫链—蒙特卡洛（MCMC）机器学习算法，开发出基于神经网络（NN）的自动历史拟合模块（NN-MCMC），实现了高效精确评估复杂裂缝系统的有效性（包括有效缝高、缝长、导流能力、簇效率、裂缝的应力敏感程度等关键参数）。图 4-23 给出了人工智能自动历史拟合方法的工作流程。

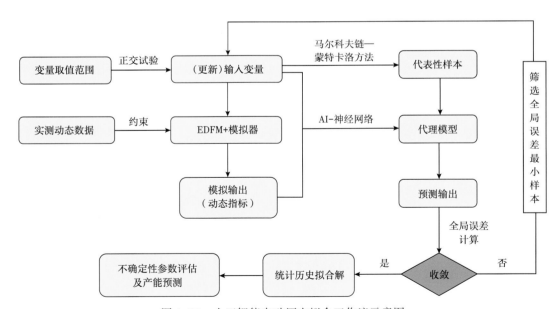

图 4-23　人工智能自动历史拟合工作流示意图

　　首先，需获取页岩气井的实测生产数据（如产气速率、产水速率，累计产气量、累计产水量、井口测量压力等），并对其进行数据处理及井底流压转换。其次，根据工程条件和地质背景进行不确定参数的识别及数值范围设定。利用正交实验法则中的采样方法（如超立方体方法），对不确定参数组合进行初始迭代的采样，获得 50 个样本。通过设置模块化的输入文件、耦合 EDFM+数值模拟器，可同步地对初始迭代的 50 个气藏模型进行模拟计算，并获得模拟结果（如井底流压、产水速率、气水比等）。通常对于气水两相流动模型，历史拟合均以实际产气速率作为已知条件。在获取 50 个模拟结果后，需选取两个输出参数（如井底流压、气水比或产水速率）进行全局误差的计算。

　　此计算需选取特定时间点的数据（称之为数据点索引号），进行实际数据与模拟输出的比对计算：

$$\varepsilon = \frac{\sum_{j=1}^{p} \sum_{i=1}^{q} \left| \dfrac{x_{ij,\text{model}} - x_{ij,\text{history}}}{x_{ij,\text{history}}} \times 100 \right| \cdot w_{ij}}{\sum_{j=1}^{p} \sum_{i=1}^{q} w_{ij}} \tag{4-34}$$

式中　　ε——全局误差；

　　　　i——数据点索引号；

　　　　j——拟合参数编号；

　　　　q——拟合数据数量；

　　　　p——拟合参数数量；

　　　　$x_{ij,\text{model}}$——模拟生产指标；

　　　　$x_{ij,\text{history}}$——实际生产指标；

　　　　w_{ij}——第 j 个参数对应的第 i 个数据点的权重值。

　　在获得初始循环的结果后，需运用 AI-神经网络对 50 组输入变量（不确定性参数）及输出变量（模拟输出）建立具有关联性的代理模型。其次，使用马尔可夫链—蒙特卡洛的取样方法对不确定参数进行系统性取样，从而同时保证反演组合具有代表性，且可优化全局误差值。取样完成后，可获得数千个样本组合；通过使用训练好的 AI-神经网络代理模型对这些代表性样本组合进行模拟输出的预测。通过再次计算式（4-34），可获得数千个具有代表性样本的全局误差，并选取 25 个全局误差最小的样本作为下一个迭代的模拟输入，进行气藏模拟运算。此步骤重复，直至代理模型的预测具有收敛性，或者达到最大迭代数量。通过多次迭代，此方法可确保代理模型的精度随着迭代数量的增加而提高（因为每个循环均会加入 25 个气藏模拟数据组合）。

　　在运行完成所有迭代之后，需要对比计算目标函数（即选定的两个模拟输出参数）的误差进行历史拟合解的筛选。目标函数的计算方法类似于式（4-34），不同点在于每个拟合参数编号均单独计算误差，而不对拟合参数进行求和，得到的目标函数误差称为 ε_j。通过设置每个目标函数的筛选阈值，多个符合误差的历史拟合解被筛选出来。最后，可对这些解进行统计分析，并进一步模拟长期（20 年）、具有代表性的产能预测结果。

三、生产历史拟合及预测

以川南昭通地区某口页岩气压裂水平井为例，说明本文方法的应用。

通过分析不同类型地质资料（如岩心、成像测井、露头、地震等）能够获取裂缝的属性信息，如裂缝分布、长度、走向、倾向、倾角等。研究表明，该井区天然裂缝的走向以近南北向、北西向和北东向为主，倾角平均为80°。天然裂缝的长度及高度无法从成像测井获得，从露头区裂缝延伸长度的测量数据表明，多数裂缝延伸长度小于100m[25]，本次研究根据模拟的需要将裂缝片长度设置为0~100m，平均值约为50m，裂缝片长高比为2:1。综合结果，该井控制范围内的天然裂缝分形参数总结见表4-5。随后，根据三维分形裂缝模型生成天然裂缝系统。

表4-5 天然裂缝基础参数

参数	数值	单位	参数	数值	单位
天然裂缝组数	2		中心分形维数	2.6	
裂缝方位角中值	0/180	（°）	长度分形维数	3.5	
裂缝倾角中值	80	（°）	分形密度常数	0.9	
裂缝开度中值	0.003	m	裂缝最小长度	1	m
裂缝数量	907		裂缝最大长度	100	m

页岩孔隙度为5.5%~6.5%，原始基质渗透率为1×10^{-5}~1×10^{-4}mD，其他地质及工程参数见表4-6。该井经过分段压裂、返排后于2015年8月投产。使用压裂模拟软件对该井进行水力压裂模拟，水力裂缝参数统计结果如图4-15所示。由于川南地区两向水平主应力差较大，模拟出的人工裂缝整体呈平直状，近似于标准分段压裂水平井，因此使用裂缝模参数平均值设定人工裂缝几何参数。

表4-6 数值模型基础数据表

参数	数值	单位	参数	数值	单位
模型大小	1700×400×20	m	压裂级数	18	
网格数量	170×40×4		压裂簇数	54	
网格尺寸	10×10×5	m	簇间距	27.8	m
气藏初始压力	44.9	MPa	基质含水饱和度	30	%
气藏初始温度	100	℃	残余水饱和度	30	%
目标靶体深度	2350	m	残余气饱和度	10	%
水平段长度	1550	m	人工裂缝开度	0.01	m

至此,建立了由基质、天然裂缝、人工裂缝组成的页岩气井产能数值模拟模型。在数值模拟基础上,针对该井实际生产情况通过修正部分模型参数来拟合生产历史,重点拟合日产气量、日产水量及井底流压等生产指标。需要强调的是,由于页岩气压裂效果评估和产能预测存在很大的不确定性,根据生产动态数据采用自动历史拟合和反演技术,可以有效开展压后效果评估,降低计算的核心参数不确定性。表4-7提供了参与自动历史拟合参数取值的上下界限值。

表4-7 未知的地层、压裂参数上下界限值

不确定拟合参数	单位	最小值	最大值
基质渗透率	mD	10^{-5}	10^{-3}
岩石压缩系数	MPa^{-1}	10^{-4}	10^{-3}
裂缝渗透率衰减系数		0.01	0.052
有效裂缝高度	m	5	20
裂缝半长	m	50	200
裂缝导流能力	mD·m	0.01	10^2
裂缝含水饱和度	%	60	90
孔隙度	%	5	9
相对渗透率曲线气相指数		1	4
相对渗透率曲线水相端点值	%	50	100
相对渗透率曲线水相指数		1	4
簇效率	%	60	90
天然裂缝导流能力	mD·m	0.3	3

本算例中进行了12步自动迭代(每一步迭代取1000万个样本),从中选取325个气藏模型进行历史拟合,总误差随迭代次数增多而降低。设定全局误差 ε 小于50%,从中优选出75套历史拟合解,拟合效果如图4-24所示。

参与自动历史拟合的不确定参数组合用平行坐标图表示,图4-25给出了自动历史拟合中所有的325次模拟结果。横坐标代表每个不确定参数,纵坐标代表每个不确定参数的范围,红线代表最优解的组合,橘黄线代表所有优选的历史拟合解组合(75次),灰线代表非历史拟合解的组合(250次)。对于某个特定因素,如果曲线组合较为集中在一个特定范围,表示该因素较为敏感,否则表示不敏感。

通过对拟合参数进行统计分析,相应的 P_{50} 值总结见表4-8。

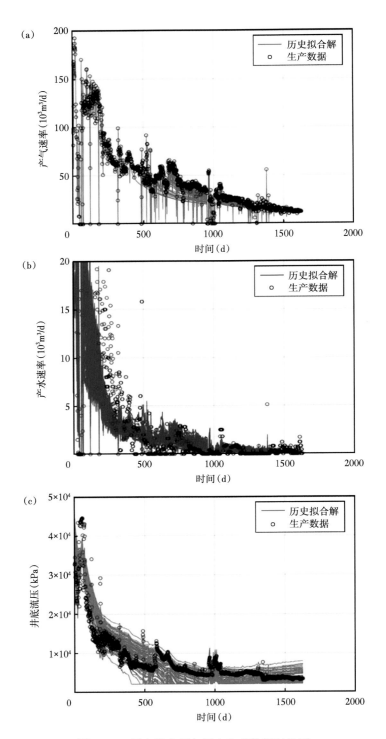

图 4-24　历史拟合解与历史生产数据对比图

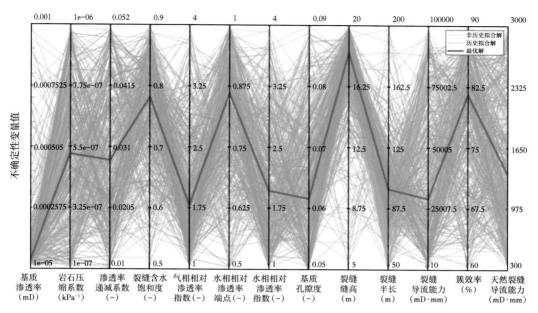

图 4-25　最优解、历史拟合解和非历史拟合解所对应的参数对比图

表 4-8　拟合参数的 P_{50} 值

参数	单位	值	参数	单位	值
基质渗透率	mD	0.45×10^{-4}	岩石压缩系数	MPa^{-1}	5.12×10^{-4}
有效裂缝高度	m	18.2	相对渗透率曲线 水相端点值	%	84.2
有效裂缝半长	m	99	相对渗透率曲线 气相端点值	%	96
人工裂缝导流能力	mD · m	28.6	簇效率	%	79.5
裂缝含水饱和度	%	78.1	裂缝渗透率衰减系数	MPa^{-1}	0.028
基质孔隙度	%	6.3	天然裂缝导流能力	mD · m	1.35

　　历史拟合结束后预测 20 年内的气井生产动态，即累计产水量、累计产气量（EUR）。根据图 4-22 中获得的解释参数，采用固定井底流压的方式预测气井产能（井底压力为 1.5MPa），预测结果如图 4-26 所示。

　　图 4-26（a）~（b）中，不确定性产能预测曲线包含了实际动态曲线，曲线分布形态与参数计算结果直接相关。图 4-26（c）~（d）对 20 年产能预测结果（即 EUR）进行统计分析，结果表明气井累计产气量：$EUR_{P_{10}} = 1.04 \times 10^{8} m^{3}$，$EUR_{P_{50}} = 1.14 \times 10^{8} m^{3}$，$EUR_{P_{90}} = 1.22 \times 10^{8} m^{3}$，最优解 $EUR = 1.15 \times 10^{8} m^{3}$。气井累计产水量：$EUR_{P_{10}} = 0.42 \times 10^{4} m^{3}$，$EUR_{P_{50}} = 0.63 \times 10^{4} m^{3}$，

$EUR_{P_{90}} = 0.80 \times 10^4 m^3$，最优解 $EUR = 0.72 \times 10^4 m^3$。这与单井动态解释结果高度近似，预测结果可信度很高。

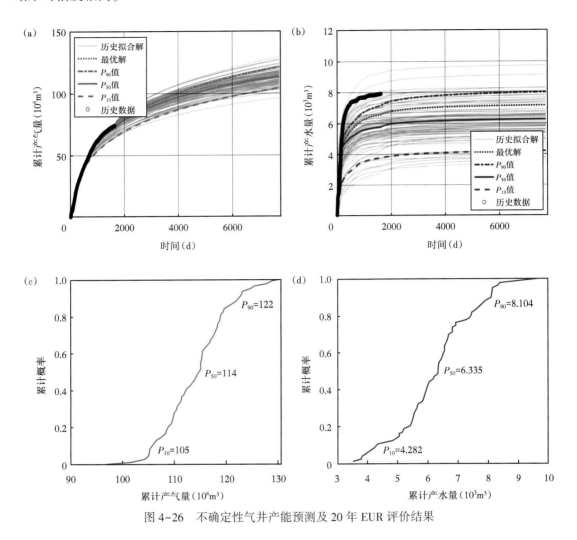

图 4-26　不确定性气井产能预测及 20 年 EUR 评价结果

　　最优解对应的压力场分布可视化模拟如图 4-27 所示。图 4-27（a）表明了页岩气藏基质内压力分布，以人工裂缝及连通的裂缝系统为中心，周围基质内气体得到有效动用，且随着生产时间的增加，压力波向外传播。图 4-27（b）进一步展示了有效泄气范围体积，即有效体积改造范围（ESRV），与图 4-27（a）相比，基质内相当部分区域内气体始终无法得到有效动用。图 4-27（c）裂缝系统内压力分布，模拟表明只有与人工裂缝相连的天然裂缝才能与形成统一的压力系统，而孤立的天然裂缝对气井产能影响较小。由于预测期内假设井底压力恒定，裂缝的导流能力较高，裂缝内压力基本维持在相同水平。

(a) 基质系统内压力场变化

(b) 泄气范围 (体积改造区SRV) 内压力场变化

(c) 裂缝系统内压力场变化

图4-27 基质及裂缝系统压力场随时间变化

第五章　页岩气井压裂参数与井距参数联合优化

　　川南地区页岩气井网井距一次性部署，以保证体积压裂对地层改造效果的最大化。要确保一次部署的合理性，若井网不合理、开发井距偏大，井间储层难以得到有效体积改造，造成剩余储量可能永远留在地下；若开发井距偏小，压裂干扰风险加大，压力干扰也将加剧，严重影响开发效益。本章以井间干扰诊断及分析为依据，以一体化数值模拟为分析手段，综合多种论证方法解析井网井距优化过程，建立适用于我国南方海相页岩气压裂参数—井距联合优化方法及流程。

第一节　井间干扰诊断及分析

　　压裂改造形成的多成因裂缝延展范围与微地震事件基本一致，压裂模拟表明裂缝延展范围与有效缝长规模呈正相关关系，为利用微地震事件预测有效缝长提供可能性。以单井动态方法为分析手段，通过动态数据拟合，获得气井有效缝长（图5-1）。

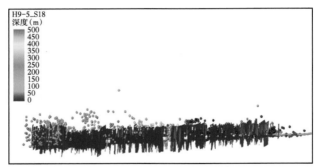

（a）宁H9平台微地震标定裂缝高度

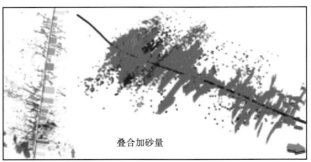

（b）YS108H1-5裂缝模拟与微地震拟合

图5-1　单井微地震与裂缝拟合图

通过统计不同气井微地震事件图，建立微地震事件与有效缝长的关系图版[53]。长宁H9-5井53簇裂缝起裂，水力缝长200m以下有22簇，占比41%，4簇缝长小于100m，统计结果表明，有效缝长约为微地震监测缝长的50%~70%（图5-2、图5-3）。

（a）微地震监测与压裂模拟拟合结果

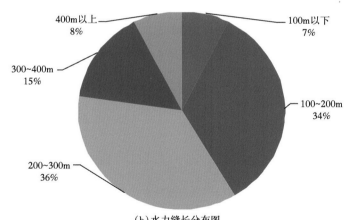

（b）水力缝长分布图

图5-2 长宁H9-5井微地震事件与有效缝长关系图

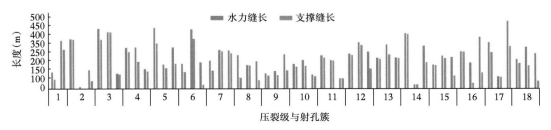

图5-3 长宁H9-5井各压裂级簇的水力缝长和支撑缝长

一、井间压窜数学模型

井间干扰是井距优化的最重要的依据。井间干扰有不同的定义，压裂领域中的井间裂缝击穿，即所谓的压窜，产生压裂干扰[39]。干扰主要指不同井生产引起的压力扰动在介质中传播时的相互干扰，即生产干扰。根据压力扰动在不同传播介质中的差别，井间（生产）干扰方式可进一步分为三种：基质干扰、人工裂缝干扰和天然裂缝干扰。

图5-4表示三种井间干扰方式，其中蓝线为人工裂缝，红线范围指体积改造后的有效区域（SRV），灰色区域为天然基质区域，图5-4（c）中的灰线为天然裂缝。基质干扰［图5-4（a）］主要指压力扰动通过基质传播，根据复合区域模型的概念，压力波依次通过主裂缝、体积改造区域、基质区域向外传播；基质干扰在有限的生产周期内井间发生生产干扰概率较低，干扰强度较弱。人工裂缝干扰［图5-4（b）］主要指相邻两口井的主裂缝相互连通，形成高速流动通道，压力波在裂缝中传播；人工裂缝干扰井间发生生产干扰的概率较大，干扰强度较强。天然裂缝干扰［图5-4（c）］主要指相邻两口井由于天然裂缝发育，改善储层基础渗流能力，与前两种方式相比，相同井距时，发生井间生产干扰的概率较大，一旦产生干扰，干扰范围和强度都很大。

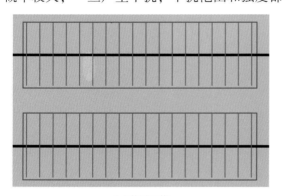

（a）基质干扰　　　　　　　　　　（b）人工裂缝干扰

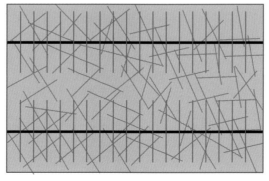

（c）天然裂缝干扰

图5-4　井间干扰的不同方式

　　需要强调的是，不同的干扰方式下，井距对单井生产动态的影响程度不同，井距优化结果也不同。由于四川盆地及其周缘龙马溪组海相页岩气开发层位天然裂缝大部分不发育，仅局部相对较发育，因此，重点研究天然不发育时，基质和人工裂缝连通时的井间干扰及井距优化。

　　现建立带有压窜裂缝的双口压裂井物理模型（图5-5），用以表征井间干扰试井过程。如图所示，两口井形成的裂缝尖端通过支撑裂缝连通。假设井1关井足够长时间，压力等于初始压力；井2保持常压力进行生产。通过模拟井1及井2对应的井底压力，定量化表征井间干扰程度。

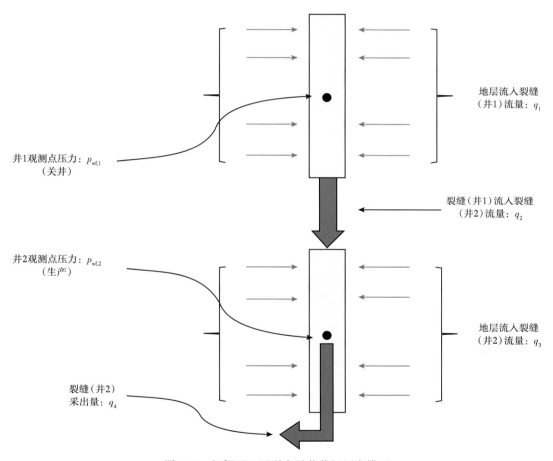

图5-5　相邻两口压裂水平井井间压窜模型

　　同时假设人工支撑裂缝宽度为常量，且为无限导流能力，连接裂缝为有限导流能力。

　　本模型使用两种基本理论。首先使用线性流公式，根据线性流公式可以获得产量修正下的拟压力差与时间对应关系：

$$\frac{m(p_i) - m(p_w)}{q_{sc}(t)} = \frac{1}{n_f n_s} \frac{0.196 B_{gi}}{\sqrt{K_{SRV}} x_f h} \sqrt{\frac{1.23 \mu_{gi} t_{mba}(t)}{\phi_{SRV} c_{ti}}} \tag{5-1}$$

将公式中相关参数作为斜率符号 m_{CR}，线性流公式可以简写为：

$$\frac{m(p_i) - m(p_w)}{q_{sc}(t)} = m_{CR}\sqrt{t_{mba}(t)} \tag{5-2}$$

第二个理论为物质平衡方程。由于井 1 关井，因此从地层流入井 1 的物质量等于从井 1 进入井 2 的物质量。对于井 2，从井筒采出量=地层流入本井裂缝量+井 1 进入井 2 流入量。

因此分别建立井 1 和井 2 的线性流公式：

$$\begin{cases} \dfrac{m(p_i) - m(p_{w1})}{q_{sc1}(t)} = m_{CR1}\sqrt{t_{mba}(t)} \\ \dfrac{m(p_i) - m(p_{w2})}{q_{sc2}(t)} = m_{CR2}\sqrt{t_{mba}(t)} \end{cases} \tag{5-3}$$

根据物质平衡方程有：

$$\begin{cases} q_{sc1}(t) = q_{sc2}(t) \\ q_{sc4}(t) = q_{sc2}(t) + q_{sc3}(t) \end{cases} \tag{5-4}$$

根据达西公式有：

$$q_{sc2}(t) = N \cdot \left[m(p_{w1}) - m(p_{w2}) \right] \tag{5-5}$$

未知量为井 1 井底压力 p_{w1} 可以通过求解上述方程组获得。将单裂缝沟通模型扩展多裂缝情况，即可获得压裂水平井的压窜条件下干扰试井动态结果。

模拟计算结果显示，井 1 井底压力响应幅度与压窜程度有关。定义压窜程度：一是压窜裂缝的导流能力；二是沟通缝占总裂缝比例，即压窜比例。

图 5-6 表明，干扰测试过程中观察井 1（关井）呈现线性流特征，其斜率越大，代表压窜程度越高（高导流或多连通缝）、井间干扰程度越大。大斜率表明在相同的生产时间下，压降程度越大，两口井间的渗流阻力越小，这与实际认识规律也相符。

同样可以根据压力波在地层的传播公式计算不同裂缝渗透率下的井 1 出现干扰信号的理论图版。其中传播公式满足：

$$t = \mathrm{const}\frac{r^2\phi_f t}{K_f} \tag{5-6}$$

模拟结果表明，根据探测边界传播公式计算结果与压力观测点记录结果拟合程度较高，也验证了模型的可靠性。利用模型模拟 10%、20%、30% 三种裂缝孔隙度条件下不同裂缝渗透率与干扰发生时间的对应关系图版（图 5-7）。

二、干扰诊断及分析

通过压力判别图版可以初步判断井间压窜情况，还需要结合生产动态资料、化学剂分析或其他监测手段来进一步分析干扰类型和部位。

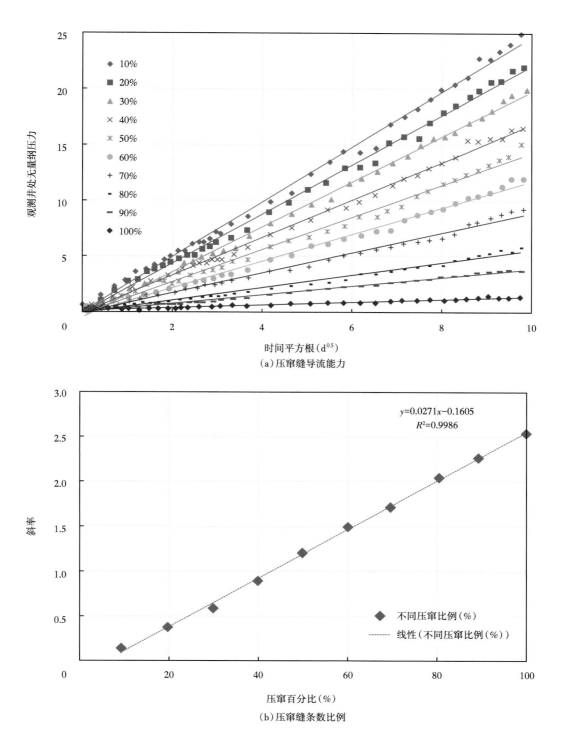

（a）压窜缝导流能力

（b）压窜缝条数比例

图 5-6　压窜程度对井 1 线性流特征段的影响

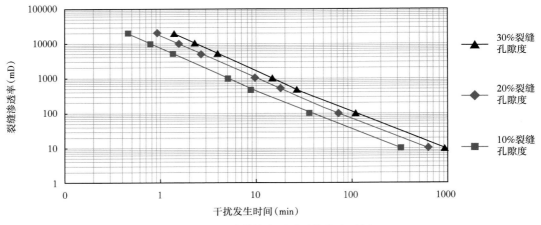

图 5-7 通过裂缝沟通时干扰发生时间

井间干扰是非常规储层水平井多级压裂普遍存在的现象，对邻井短期和长期产能的影响在不同盆地差异极大。如图 5-8 所示，BHP Billiton 石油公司在海耶斯维尔（Haynesville）页岩气产区某区块相距 335m（1100ft）的两口水平井，K 井比 L 井早 5 天投产，当 L 井开始投产后，K 井的井口压力递减趋势出现明显变化，递减率出现明显增加，5 天内的递减幅度达到 50psi，并且 L 井投产后两口井的产量变化趋势基本一致应该存在一定程度的井间产量干扰。

川南某个页岩气开发平台，B 井作为激动井，A 井与 C 井作为观测井，A—B 井距为 300m、B—C 井距为 400m（图 5-9）。其中 A 井与 B 井进行干扰试井时出现显著的压力干扰信号。由于 A 井投产时间较早，进一步分析其生产动态，干扰发生前后气井产能指数变化情况，在干扰发生前产能指数约为 1.0（10^3m^3/d）/（kPa^2/μPa·s），干扰发生后气井产能指数下降至 0.6（10^3m^3/d）/（kPa^2/μPa·s），产能指数下降幅度高达 40.0%，说明井间干扰强度较大。

使用产量递减分析评价首先基于建立解析模型和历史拟合，然后进行井间干扰程度评价，具体步骤是：（1）基于干扰发生之前的产量数据进行预测，平移递减曲线至重新开井后的单井动态数据上；（2）保持参数不变，拟合干扰以后的生产数据。A 井井间干扰模拟结果如图 5-10（b）所示，利用干扰前预测（累计）产量相对较高，发生干扰后预测（累计）产量较低。

该平台干扰试井只能定性说明，巷道间距 500m 时井间略有干扰，巷道间距 400m 时井间干扰较明显，巷道间距 300m 井间干扰较强。通过上述分析同时能够量化井间干扰程度，这些都是进行井距优化的前提。在充分认识压窜及井间干扰基础上，通过数值模拟结合支撑剂指数法、经济评价等方法进行井距综合优化分析。

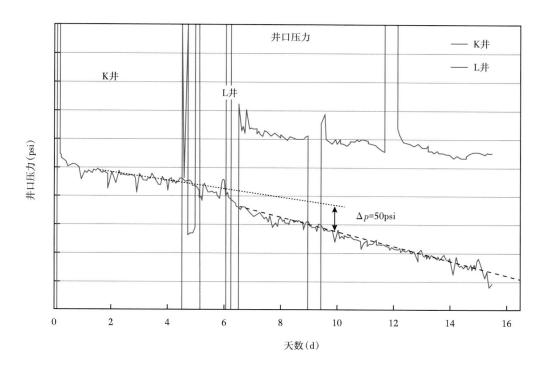

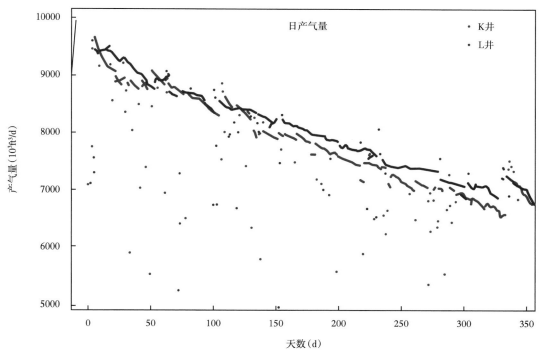

图 5-8　海耶斯维尔页岩产区井间干扰测试

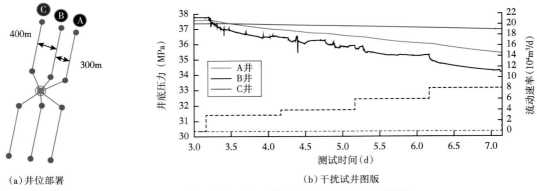

（a）井位部署　　　　　　　　　　（b）干扰试井图版

图 5-9　川南页岩气平台干扰测试（400m、300m 井距）

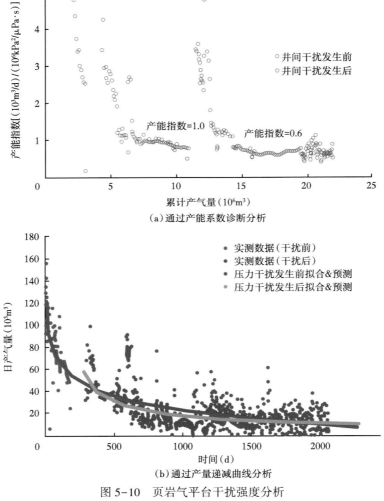

（a）通过产能系数诊断分析

（b）通过产量递减曲线分析

图 5-10　页岩气平台干扰强度分析

第二节　多维参数静态优化

一、支撑剂优化理论

1. 支撑剂数及无量纲裂缝导流能力定义

支撑剂数，实际上是两个比值的乘积，即裂缝渗透率和地层渗透率的比值与裂缝支撑体积和单井控制地层体积的比值乘积。裂缝渗流能力的改善及其影响的范围在整个油气藏中所占有的比例[54]。

$$N_{prop} = \frac{2K_f V_{prop}}{K_m V_{res}} = \frac{4K_f x_f w_f h_f}{K_m x_e^2 h} = I_x^2 C_{fD} \tag{5-7}$$

式中　I_x——裂缝穿透率；

　　　C_{fD}——无量纲裂缝导流能力；

　　　K_f——裂缝渗透率，mD；

　　　x_f——裂缝支撑半长，m；

　　　w_f——支撑裂缝平均宽度，m；

　　　K_m——油藏基质渗透率，mD；

　　　x_e——单井控制油藏单元边长，m；

　　　h——油藏有效厚度，m；

　　　V_{prop}——支撑裂缝单翼体积，m^3；

　　　V_{res}——单井控制油藏体积，m^3。

穿透率假设在正方形油藏的垂直井中有一条裂缝，X 轴方向的穿透率，实质是指裂缝的长度占储层 X 轴方向长度的比例。所以，X 轴方向的穿透率可以表示为：

$$I_x = \frac{2x_f}{x_e} \tag{5-8}$$

裂缝导流能力是指平均支撑宽度与支撑裂缝渗透率的乘积：

$$F_c = K_f w_f \tag{5-9}$$

它的物理意义是支撑裂缝所能够提供液体流动的能力的大小。式中的 K_f 通常由实验室获得，这和真实地层条件下的渗透率有很大差别。所以在压裂设计时，K_f 要乘以伤害系数进行修正。油气井经过压裂改造后，其增产效果取决于两个方面的因素，即地层向裂缝供液能力的大小和裂缝向井筒供液能力的大小。因此，为了更好地实现设计裂缝导流能力与地层供液能力的良好匹配，引入了无量纲裂缝导流能力的概念。这个概念是由 Prats 给出的，它涵盖了所有影响裂缝性能的变量。

$$C_{fD} = \frac{F_c}{K_m x_f} = \frac{K_f w_f}{K_m x_f} \qquad (5-10)$$

无量纲裂缝导流能力的物理含义是：裂缝向井筒中的供液能力与地层向裂缝中的供液能力的对比。除地层渗透率以外，裂缝支撑宽度，裂缝支撑半长及支撑裂缝渗透率都可以通过对压裂施工规模，施工参数和支撑剂的选择进行调控。因此，C_{fD} 是进行压裂设计时要考虑的一个主要变量，它对压裂后的增产效果有着重要的影响。

2. 生产井产能指数定义

通常情况下，在地层中的一口生产井，其泄流面积是有限的，在其生命周期的大多数时间当中，油气井都是以拟稳态的流态在生产，或者更准确地说，是以有边界控制的流动状态在生产。在此期间，定义单位生产压降的产量为产能指数（PI），

$$J = \frac{q}{p_{avg} - p_{wf}} \qquad (5-11)$$

产能指数是对每口井的广泛意义上的表达，如果让不同地层或者不同压降的井进行比较，则井与井之间通常都会有很大的差别。所以，要定义无量纲采油指数，有了这个参数就可以将任意几口井的产能进行比较和评估，而并不仅限于比较类似地层中的井或结构类似的井。无量纲产能指数的定义如下：

$$J_D = \frac{1.843 \times 10^4 \mu_{gi} B_{gi}}{K_m h} J \qquad (5-12)$$

无量纲产能指数能够使得确定生产井的性能更加简单快速，并且使用这个参数后，可以将各种类型的井或者不同特征的井进行比较。

Economides 和 Valko 给出了在封闭储层中一口压裂井的最大化理论产量 $J_{D,max}$，前提是在线性流条件下，这是压裂井（从储层到裂缝）生产的最有效的方式。

$$J_{D,max} = \frac{6}{\pi} = 1.909 \qquad (5-13)$$

为了确定最大无量纲采油指数下的最佳无量纲导流能力，1960 年，McGuire 和 Sikora 将 J_D 作为 C_{fD} 的函数，并将 I_x 作为参考变量，绘制了著名的 McGuire-Sikora 无量纲采油指数与无量纲裂缝导流能力 C_{fD} 的半对数曲线图（图 5-11）。

3. 非正方形泄流面积下的产能指数

上述都是建立在正方形泄流面积中有一口压裂直井的假设基础上，根据 UFD 理论，最大无量纲采油指数可表示为：

$$J_{D,max}(N_{prop}) = \begin{cases} \dfrac{1}{0.990 - 0.5 \ln N_{prop}}, & N_{prop} \leq 0.1 \\ \dfrac{6}{\pi} - \exp\left(\dfrac{0.423 - 0.311 N_{prop} - 0.089 N_{prop}^2}{1 + 0.667 N_{prop} + 0.015 N_{prop}^2}\right), & N_{prop} > 0.1 \end{cases} \qquad (5-14)$$

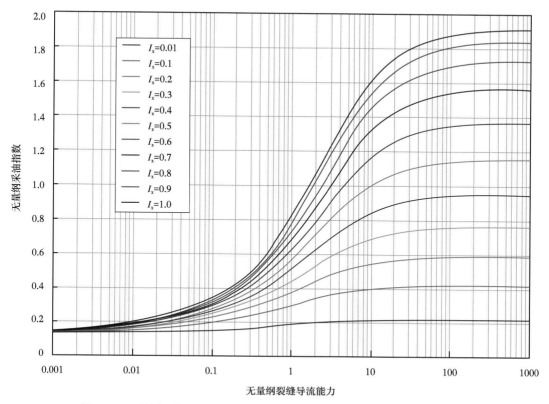

图5-11　无量纲裂缝导流能力、穿透率及无量纲采油指数之间的关系图版

其最佳无量纲裂缝导流能力为：

$$C_{\mathrm{fD,opt}}(N_{\mathrm{prop}}) = \begin{cases} 1.6, & N_{\mathrm{prop}} \leqslant 0.1 \\ 1.6 + \exp\left(\dfrac{0.683 + 1.48\ln N_{\mathrm{prop}}}{1 + 0.142 N_{\mathrm{prop}}}\right), & 0.1 < N_{\mathrm{prop}} \leqslant 10 \\ N_{\mathrm{prop}}, & N_{\mathrm{prop}} > 10 \end{cases} \qquad (5-15)$$

对于分段压裂水平井，假设各裂缝属性一致、均匀分布（图5-12），在裂缝间距内地层内形成虚拟的封闭边界，可以多裂缝劈分为具有相同泄流面积的单裂缝问题。形成的泄流面积为矩形，换句话说，裂缝条数据定了泄流面积的长度和宽度比值。从图5-12中可以看到，沿 X 轴方向划分的区域越多，储层的宽长比 $Y_{\mathrm{e}}/X_{\mathrm{e}}$ 就会越来越小。

Valko 和 Economides 已经证明了储层性能是受到支撑剂数 N_{prop} 控制的，因为 N_{prop} 表示的是储层与裂缝之间的渗透率和体积的关系，或者也可以说它表示的是裂缝长度和导流能力之间的关系。反过来，通过这些给出的关系可以得到具体的裂缝参数（如裂缝长度、裂缝宽度）。矩形储层的无量纲产能指数定义为：

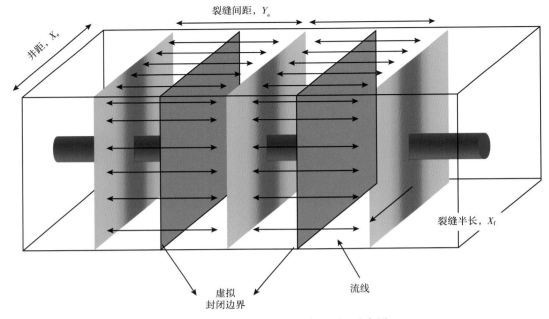

图 5-12　多裂缝系统优化渗流原理示意图

$$J_{\text{D,max}}(N_{\text{prop}}) = \begin{cases} \dfrac{1}{0.99 - 0.5\ln N_{\text{prop}}}, & N_{\text{prop}} \leqslant 0.1 \\[3mm] \dfrac{1}{-0.63 - 0.5\ln N_{\text{prop}} + F_{\text{opt}}}, & N_{\text{prop}} > 0.1 \end{cases} \qquad (5-16)$$

$$C_{\text{fD,opt}}(N_{\text{prop}}) = \frac{100 y_{\text{eD}} - C_{\text{fD},0.1}}{100} \times (N_{\text{prop}} - 0.1) + C_{\text{fD},0.1} \qquad (5-17)$$

其中，

$$C_{\text{fD},0.1} = \begin{cases} 4.5 y_{\text{eD}} + 0.25, & 0.1 < y_{\text{eD}} \leqslant 0.25 \\ 1.6, & 0.25 \leqslant y_{\text{eD}} < 1 \end{cases} \qquad (5-18)$$

$$F_{\text{opt}} = \begin{cases} \dfrac{9.33 y_{\text{eD}}^2 + 3.9 y_{\text{eD}} + 4.7}{10 y_{\text{eD}}}, & N_{\text{prop}} < 0.1 \text{ 且 } 0.1 \leqslant y_{\text{eD}} \leqslant 0.25 \\[3mm] \dfrac{a + buopy + cu_{\text{opt}}^2 + du_{\text{opt}}^3}{a' + b'u_{\text{opt}} + c'u_{\text{opt}}^2}, & N_{\text{prop}} \geqslant 0.1 \end{cases} \qquad (5-19)$$

从裂缝导流能力的定义中可知裂缝缝长、缝宽与裂缝导流能力是有关的。因此，在求得最佳裂缝无量纲导流能力后，就可以依据对应关系，分别确定这两个裂缝参数。

二、标准理论图版分析

由于基于支撑剂数量的压裂设计方法，是以最大无量纲采油指数为函数，而无量纲支撑剂数量一旦给定，它就决定了一个参数确定的油藏所能达到的最大无量纲采油指数。并且，无量纲采油指数的最大值又是在无量纲裂缝导流能力达到某一值时取得的。当支撑剂数量给定，进入产层的支撑剂数量也就确定了。因此，最佳的裂缝缝长和裂缝缝宽的组合，应该是在无量纲裂缝导流能力特征曲线达到峰值时取得，而对应的峰值就是最佳无量纲裂缝导流能力。

1. 矩形油藏 N_{prop}<0.1 下的理论优化图版

假设矩形储层的宽长比 $Y_e/X_e = 1/A_r = 0.5$，那么当 N_{prop}<0.1 时，无量纲采油指数与无量纲裂缝导流能力之间的关系如图 5-13 所示。从图 5-13 中可以看出，随着 N_{prop} 从 0.1~0.0001 的不断减小，其对应曲线也逐渐变得平缓，并且每条曲线的 $J_{D,max}$ 都在 $C_{fD} = 1.6$ 附近出现，J_D 的范围为 0.174~0.433。

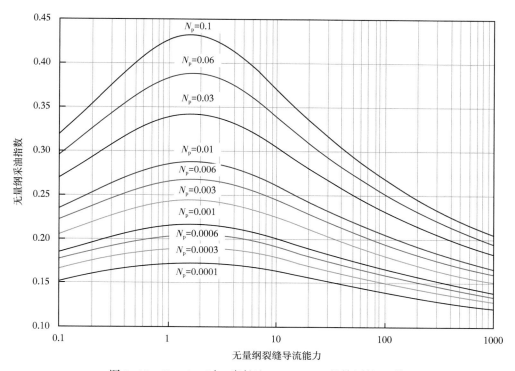

图 5-13　N_p< 0.1 时，宽长比 $Y_e/X_e = 0.5$ 的储层的 J_D 值

如图 5-14 所示，随着矩形储层长度与宽度的差距增大，曲线变得越平坦，并且随着矩形储层长度与宽度的差距增大，$J_{D,max}$ 逐渐减小，但是曲线的最大无量纲裂缝导流能力都出现在 $C_{fD} = 1.6$ 附近。

2. 矩形油藏 N_{prop}>0.1 下的理论优化图版

由支撑剂数量 N_{prop} 的定义可知，当地层的渗透率极低，或者泵入地层的支撑剂量非常大时，则 N_{prop} 取得较大的值，这种情况往往出现在致密的多段压裂水平井中，主要用于开发非常规油气藏。

从图 5-15 中可以看出，随着 N_{prop} 从 0.1~100 的逐渐增大，曲线形态逐渐变陡，$J_{D,max}$ 范围从 0.42~3.54 。最优导流能力与 $N_p < 0.1$ 时完全不同，只有当 $N_{prop} = 0.1$ 时，$C_{fD,opt} = 1.6$，之后随着 N_{prop} 增大，$C_{fD,opt}$ 也逐渐增大，$C_{fD,opt}$ 范围在 1.6~51.1 之间变化。由此可见，对于支撑剂数量大于 0.1 的情形，最优裂缝导流能力会随着 N_{prop} 动态变化。

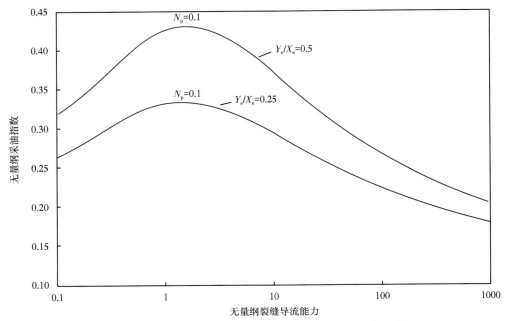

图 5-14　宽长比 $Y_e/X_e = 0.5$ 和 0.25 时，$N_p = 0.1$ 时 J_D 值

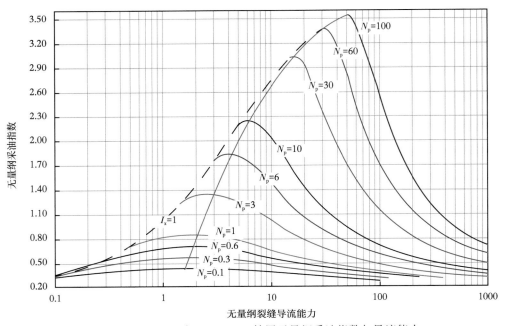

图 5-15　$N_p > 0.1$ 时 $Y_e/X_e = 0.5$ 储层无量纲采油指数与导流能力

图 5-16 给出了不同 N_{prop} 值下的 $J_{D,max}$ 与 Y_e/X_e 的关系图版，从图上可以看出，当 N_{prop} 小于 1 时，随着矩形泄流面积宽长比的增大，最大产能指数先增大，然后趋于平缓；当进一步增大 N_{prop} 值后，曲线会出现明显的拐点，即存在 N_{prop} 与宽长比之间的最优匹配关系。而宽长比与井距和缝间距相关联，因此，在一定的泵入支撑剂量下，必然存在最优的裂缝井距和缝间距之比。

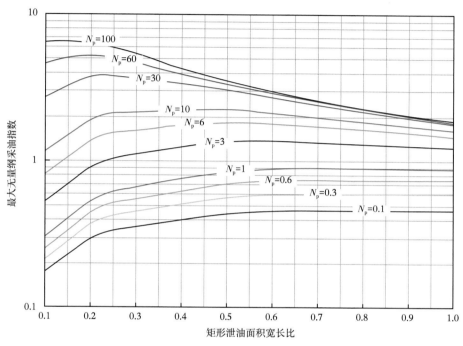

图 5-16　不同 N_p 值下的 $J_{D,max}$ 与 Y_e/X_e 的关系图版

3. 多裂缝参数联合优化

待优化参数处理为井缝距比（A_r）、无量纲导流（C_{fD}）、裂缝穿透比（I_x）三个无量纲指数，共同构成支撑剂指数（N_{prop}），根据产能公式建立典型图版。分段压裂水平井支撑剂指数为：

$$N_{prop} = \frac{2K_f V_{prop}}{K_m V_{res}} = \frac{2K_f(V_{prop}/n_f)}{K_m(V_{res}/n_f)} = I_x^2 C_{fD} \frac{X_e}{Y_e} = I_x^2 C_{fD} A_r \qquad (5-20)$$

不因次比值 A_r 为

$$A_r = \frac{X_e}{Y_e} = n_f \frac{x_e}{L_f} \qquad (5-21)$$

注意：较大的 A_r 值意味着较多的裂缝条数或较大的井距。以压裂缝体积为约束，裂缝长度和导流能力同时争夺压裂缝体积，当两者间达到某种平衡，压裂水平井将达到较高的产能水平。

不同 A_r 条件下的裂缝参数结果如图 5-17 所示：当 A_r 一定时，随着 N_{prop} 增加 J_{Dpss} 增

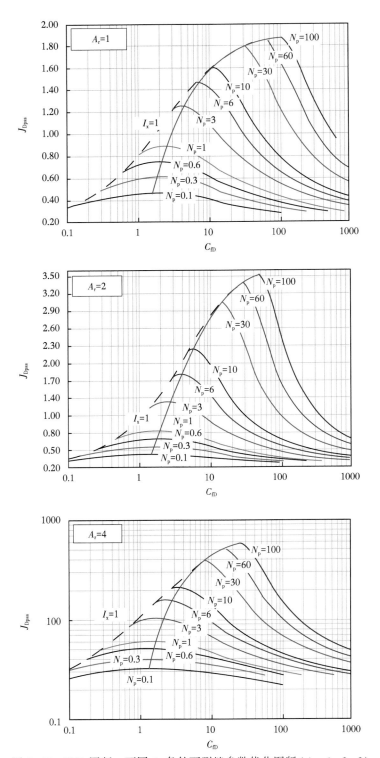

图 5-17 UFD 图版：不同 A_r 条件下裂缝参数优化图版（$A_r = 1$，2，3）

加，趋近于稳定的产能极限值 $J_{\text{Dpss(plateau)}}$，此时对应条件为裂缝完全贯穿（$I_x = 1$），同时裂缝导流达到无限导流能力（$C_{\text{fD}} > 300$）；当 A_r 值越大，在水平段长度和井距不变的条件下意味着裂缝条数越多，气井的最高产能指数 $J_{\text{Dpss,max}}$ 越大。

如图 5-18 所示，当 N_{prop} 值一定时，当 A_r 范围较小时 $J_{\text{Dpss,max}}$ 与 A_r 值呈线性关系，裂缝始终保持完全贯穿地层且处于无限导流，即地层始终处于线性流阶段，其满足：

$$J_{\text{Dpss,max}} = \frac{6}{\pi} A_r \qquad (5-22)$$

需要强调的是图 5-18 中曲线中每个值 $J_{\text{Dpss,max}}$，均为当前 N_{prop} 和 A_r 条件下所获得最大 J_{Dpss}。

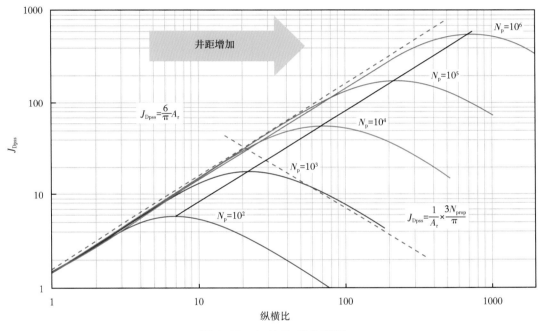

图 5-18 A_r 与 N_p 优化图版

当 A_r 达到较大值时（$X_e \gg Y_e$），$J_{\text{Dpss,max}}$ 与 A_r 呈互为相反数关系。在此 A_r 参数范围内，裂缝穿透率始终为 1，且裂缝宽度约等于地层宽度，此时主要压降发生在裂缝内部。随着 A_r 的进一步增加，裂缝导流能力不断降低，导致产能指数反而减低。

$$J_{\text{Dpss,max}} = \frac{6}{\pi} \frac{1}{A_r} \frac{K_f}{K_m} = \frac{6}{\pi} \frac{Y_e}{X_e} \frac{K_f}{K_m} \approx \frac{6}{\pi} \frac{w_f}{2x_f} \frac{K_f}{K_m} = \frac{3}{\pi} C_{\text{fD}} \qquad (5-23)$$

考虑到支撑剂数约束，对上述公式进行改造：

$$J_{\text{Dpss,max}} = \frac{3}{\pi} \frac{N_{\text{prop}}}{A_r I_x^2} = \frac{1}{A_r} \times \frac{3 N_{\text{prop}}}{\pi} \qquad (5-24)$$

在此区间范围之内存在绝对最高值，即存在最优 A_r 值。显然最优 $A_{r,opt}$ 是关于 N_{prop} 的函数，通过搜寻获得图 5-18 中每组最高值组合 $(A_{r,opt}, N_{prop})$，根据样本回归—拟合得到经验公式。该公式在双对数图版中满足线性关系：

$$A_{r,\,opt} = 0.7099 \times N_{prop}^{0.5003} \approx \sqrt{\frac{N_{prop}}{2}}$$ (5-25)

对应的绝对最高产能指数为：

$$J_{Dpss,max} = 0.8077 A_{r,opt} - 0.3262$$ (5-26)

提高气井产能主要通过减小缝间干扰、降低边界封闭作用、增大裂缝与地层接触面积、平衡裂缝与地层的流入流出关系实现，当裂缝系统中各裂缝对应的泄流面积相同时，缝间干扰最小，边界封闭影响最低。

三、裂缝—井距优化流程

根据无量纲指数典型图版，获得最优参数。在本节中，裂缝条数为固定值，通过改变井距来控制参数 A_r，从而计算最优井距，因此单缝最优结果即为多缝优化结果。基于大量模拟计算结果，通过数据回归、拟合等处理手段获得最优参数计算公式，以此形成合理井距优化工作流程。

（1）计算支撑剂体积及单井控制体积，其中支撑剂体积为地层内有效开启的人工裂缝总体积（根据泵入加砂量计算）：

$$V_{prop} = \frac{M_{prop}}{\rho_{prop}(1 - \phi_f)}$$ (5-27)

这里支撑剂密度取 $1.76t/m^3$。此外，单井控制体积为井距乘以水平段长度。

（2）根据支撑剂数 N_{prop} 定义计算该值，进而根据 $A_{r,opt}$—N_{prop} 关系式获得相应最优比值 $A_{r,opt}$。

（3）根据水平段长度和裂缝条数计算裂缝间距，进而根据 $A_{r,opt}$ 计算最优井距。

（4）根据确定的 $A_{r,opt}$，基于 UFD 理论，计算最优无量纲导流能力 $C_{fD,opt}$ 及最优裂缝穿透率 $I_{x,opt}$。

$$I_x = \sqrt{\frac{N_{prop}}{C_{fD,opt}} \times \frac{1}{A_{r,opt}}}$$ (5-28)

（5）根据最优井距 $x_{e,opt}$ 及最优裂缝穿透率 $I_{x,opt}$ 计算最优裂缝长度 $x_{f,opt}$，进而计算最优裂缝导流能力。

第三节　生产动态—经济效益优化

需要强调的是，基于 UFD 理论的多维参数优化方法仅适用于单条均匀导流裂缝的拟稳态假设条件，以拟稳态产能指数为优化目标，与时间无关。本节考虑时间因素对优化结果的影响。

本节以多井系统为研究对象，以总支撑剂体积（与压裂规模相关）为约束条件，以动态累计产量为优化目标，建立全生命周期的压裂—水平井参数动态优化方法。其中，改进的支撑剂指数 N_{prop} 定义为：

$$N_{\text{prop}} = \frac{2K_{\text{f}}V_{\text{prop}}}{K_{\text{m}}V_{\text{res}}} = \frac{2K_{\text{f}}}{K_{\text{m}}x_{\text{ef}}y_{\text{ef}}} \sum_{m=1}^{n_{\text{w}}} \sum_{n=1}^{n_{\text{f}}} \int_{0}^{l_{\text{fm},n}} w_{\text{fm},n}(\zeta)\,\text{d}\zeta = \left(\frac{4x_{\text{ef}}}{3y_{\text{ef}}}\right) \times \left(\frac{n_{\text{f}}C_{\text{fDmax}}I_{\text{x}}^{2}}{n_{\text{w}}}\right) \quad (5\text{-}29)$$

支撑剂体积：

$$V_{\text{prop}} = \frac{M_{\text{prop}}}{\rho_{\text{prop}}(1 - \phi_{\text{prop}})} \quad (5\text{-}30)$$

无量纲导流能力：

$$C_{\text{fDmax}} = \frac{K_{\text{f,max}}w_{\text{f}}}{K_{\text{m}}x_{\text{f}}} \quad (5\text{-}31)$$

式中　M_{prop}——支撑剂质量；

　　　ρ_{prop}——支撑剂密度；

　　　ϕ_{prop}——支撑裂缝孔隙度。

一、裂缝维数优化

裂缝维数主要包括裂缝导流能力、长度，是平衡裂缝与地层流入流出关系的关键指标。裂缝维数随支撑剂指数变化的优化结果如图 5-19 所示，其中蓝色曲线代表不考虑支撑剂体积约束的模拟结果，红色曲线代表考虑支撑剂体积约束的模拟结果。图 5-19 表明，当压裂规模不受约束时，无量纲累计产量随裂缝穿透比和导流能力增加而单调递增，但递增幅度逐渐减小，直到极限值，此时裂缝完全贯穿地层且达到无限导流能力；而考虑约束时，累计产量与裂缝维数存在最优值，即图中离散点，最大无量纲累计产量（$G_{\text{pD,max}}$）随着支撑剂指数增加而增加。对比图 5-19（a）和图 5-19（b）可以看出，不同时刻下最优裂缝维数结果不同。

为厘清生产时间对优化结果的影响，重新计算获得裂缝维数随时间变化的优化结果（图 5-20）。以图 5-20（a）为例，最大无量纲累计产量随着生产时间增加而增加，而最优裂缝无量纲导流能力（$C_{\text{fD,opt}}$）却逐渐递减且趋近于常数。对比图 5-20（a）~（d）可以看出：支撑剂指数越大，在相同时刻下所对应的最大无量纲累计产量越大；支撑剂指数越大，在相同时间间隔内最优无量纲导流能力值的变化区间越大，且所趋近的常数也越大。具体地，图 5-20（b）（$N_{\text{prop}} = 1$）在 $t_{\text{D}} = 0.01 \sim 1000$ 时间间隔内对应的最优无量纲导流能力变化区间为 $C_{\text{fD,opt}} \in (2, 50)$，趋近值为 1.62；图 5-20（d）（$N_{\text{prop}} = 100$）在相同的时间间隔内

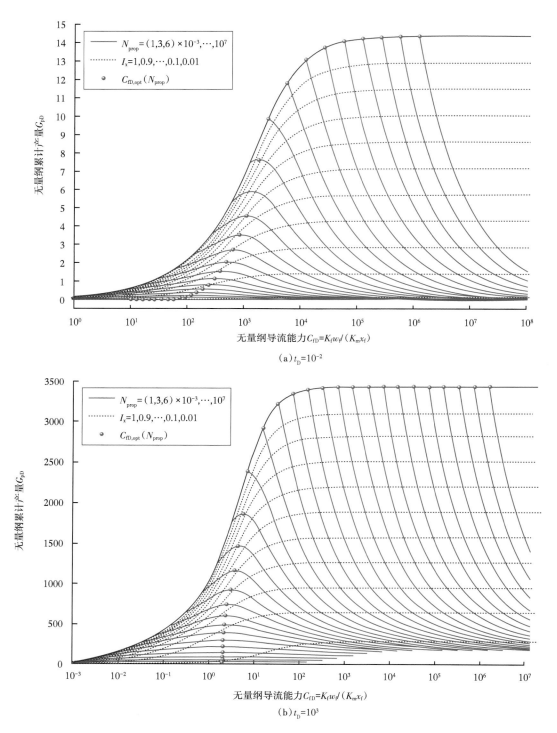

（a）$t_D=10^{-2}$

（b）$t_D=10^3$

图 5-19　不同生产时间下的裂缝参数优化结果对比

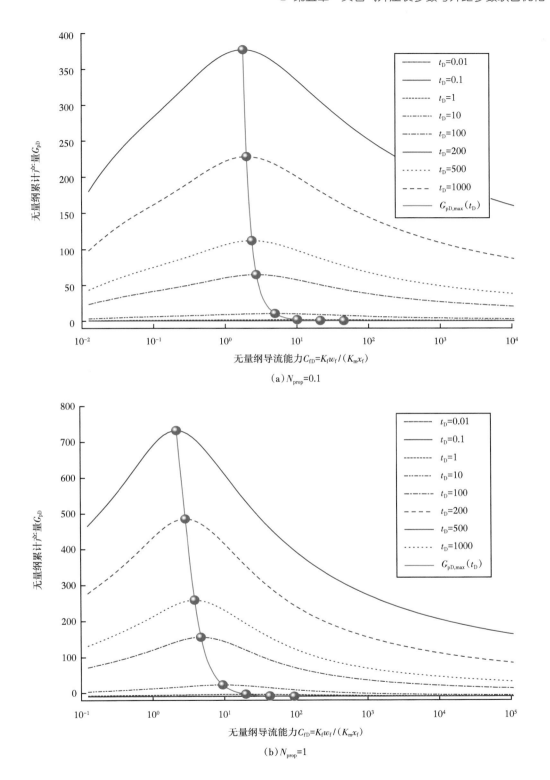

（a）$N_{prop}=0.1$

（b）$N_{prop}=1$

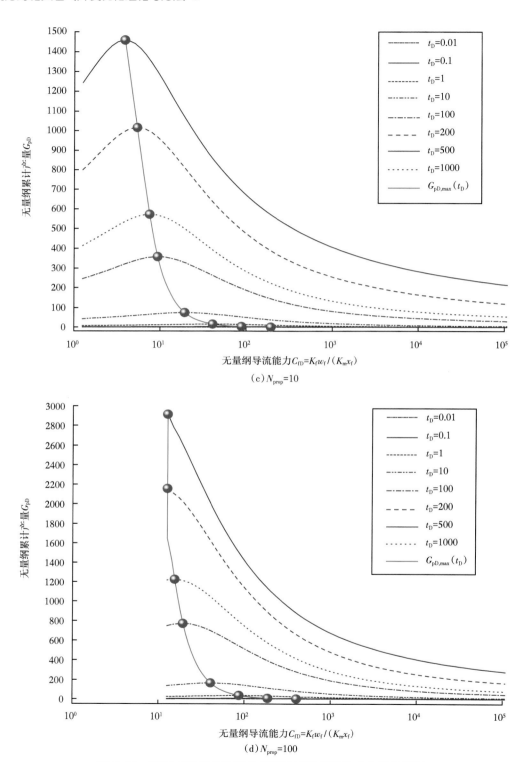

（c）$N_{prop}=10$

（d）$N_{prop}=100$

图 5-20　不同支撑剂指数下的有限导流裂缝维数动态优化图版

$C_{\text{fD,opt}} \in (15, 400)$。

图 5-21 总结了不同时刻、不同支撑剂指数下的最优裂缝维数、最大累计产量的变化规律。图 5-21(a)表明当支撑剂指数较小时，随着支撑剂指数的减小，最优无量纲导流能力逐渐递减且趋近于常量；无量纲时间越大，最优无量纲导流维持常量所对应的支撑剂指数区间越大，如 $t_\text{D} = 1000$ 时 $C_{\text{fD,opt}}$ 在 $N_{\text{prop}} \in (10^{-8}, 10^{-1})$ 范围均为常量，$t_\text{D} = 0.01$ 时对应区间为 $N_{\text{prop}} \in (10^{-8}, 10^{-7})$。随着支撑剂指数增加，$C_{\text{fD,opt}}$ 和 $I_{\text{x,opt}}$ 均增加，当裂缝完全贯穿地层时（$I_\text{x} = 1$），$C_{\text{fD,opt}}$ 与 N_{prop} 呈线性关系。

图 5-21(b)表明当支撑剂指数一定时，随着生产时间的增加，最优无量纲导流不断减小而趋近于常量，且常量值与 N_{prop} 呈正相关关系，如 $N_{\text{prop}} = 10^{-2}$ 时对应 $C_{\text{fD,opt}} = 1.62$，$N_{\text{prop}} = 10^3$ 时对应 $C_{\text{fD,opt}} = 175$，这与图 5-20(a)~(d)反映的特征一致。总的来看，当无量纲生产时间（生产周期）较短时，可压裂长度较短且导流能力较高的裂缝；当无量纲生产时间较长时，可压裂长度较长且导流能力较低裂缝。需要强调的是，所趋近的 1.62 特征值与 Volko 和 Economides 优化结果基本一致。

二、缝距—井距优化

在泄流面积不变条件下（$A_{\text{rea}} = x_\text{e} \cdot y_\text{e}$），裂缝泄流面积形状会影响裂缝维数的优化结果，本文使用缝距与井距比值（$\lambda = y_\text{e}/x_\text{e}$）表征泄流面积形状，该值由裂缝条数和水平井井数确定（$y_\text{e} = y_{\text{ef}}/n_\text{f}$，$x_\text{e} = x_{\text{ef}}/n_\text{w}$）。

图 5-22 反映了 λ 值对裂缝生产动态的影响，其中裂缝假设为完全贯穿（$I_\text{x} = 1$）、无限导流（$C_{\text{fD}} = \infty$）。注意产量与累计产量间的对应关系，当产量递减至近似为 0 时累计产量趋近于极限值（$\lim G_{\text{pD}} = 0.5 x_{\text{eD}} y_{\text{eD}}/\pi$），由于泄流面积相等，不同 λ 值下的极限累计产量相同。当 λ 值较小时，对应泄流面积呈长条状，裂缝与地层接触面积较大，渗流阻力较小，裂缝早期（累计）产量较高，能在较短时间内达到极限累计产量。同时，λ 较小值所对应的无量纲累计产量在整个生产周期内始终高于 λ 较大值。

考虑支撑剂指数约束后，λ 值对最大无量纲累计产量和最优裂缝维数均会产生影响（图 5-23）。如图 5-23(a)所示，随着支撑剂指数增加最大无量纲累计产量趋近于最高值，而且 λ 值越小（窄缝距、大井距模式）对应的最高值越大，此时裂缝达到无限导流能力且完全贯穿地层（$I_\text{x} = 1$，$C_{\text{fD}} > 300$），如图 5-23(b)所示。当支撑剂指数较小时（$N_{\text{prop}} < 10^3$），较大 λ 值对应的最优无量纲导流能力相同，但最优裂缝穿透率较大[图 5-23(b)]，导致较小的渗流阻力，所以相应的最大无量纲累计产量值较大[图 5-23(a)]。需要强调的是，图版所反映的特征与生产时间取值有关，当时间足够大时所有 λ 值对应的最高值均相等，而当时间足够小时在低 N_{prop} 情况下 λ 值对图版的影响很小。

三、多参数同步优化

多井平台下裂缝优化通过增加裂缝与地层接触面积、降低井间干扰、缝间干扰、平衡裂缝与地层的流入流出关系实现，当四种渗流关系达到平衡时生产效果最佳。假定半支平

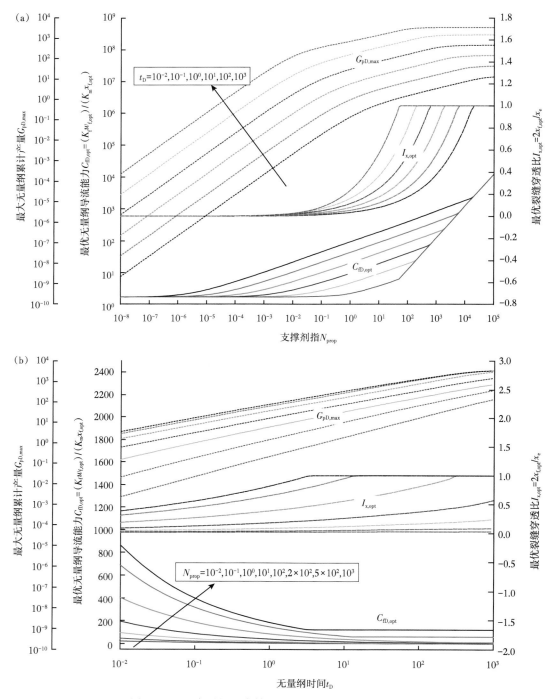

图 5-21　生产时间和支撑剂指数对裂缝维数优化的影响

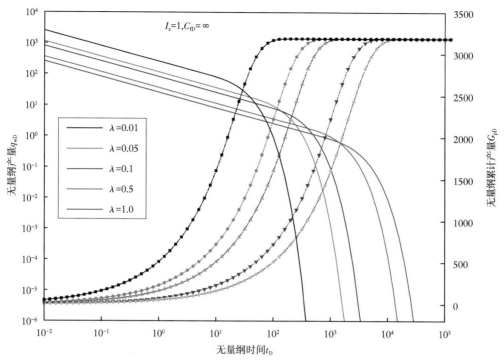

图 5-22　缝距/井距比对生产动态特征的影响图版

台几何尺寸为 1500m×1500m×20m，以支撑剂体积（或称压裂规模）为约束条件，以总 NPV 值（或称经济效益）为目标函数，采用嵌套式方法进行多参数优化（图 5-24）。

优化流程主要分为以下步骤：

（1）定义输入基本参量，包括地层参数、流体参数、支撑剂参数和生产周期；

（2）定义三种待优化变量，包括平台内井数（n_w）、单井压裂段数（n_f）和支撑剂体积（V_p）；

（3）根据 UFD 方法计算不同井数、段数和支撑剂体积条件下的最优裂缝维数及对应的最大累积产量（$G_{pD,max}$）；

（4）计算相应的 NPV 值；

（5）基于多元函数 Powell 全局优化算法重复步骤（2），直到 NPV 值最大，此时对应的水平井—压裂参数即为最优设计参数。

其中 NPV 计算模型为：

$$\mathrm{NPV} = \sum_{j=1}^{n} \frac{(G_{p,j} - G_{p,j-1})}{(1 + i_r)^j} - \left[\mathrm{FC} + \sum_{k=1}^{n_w} \left(C_{well} + \sum_{k=1}^{n_f} C_{fracture} \right) \right] \tag{5-32}$$

式中　$G_{p,j}$——第 j 年累计产量；

　　　FC——固定总投资；

　　　C_{well}——单井钻井成本；

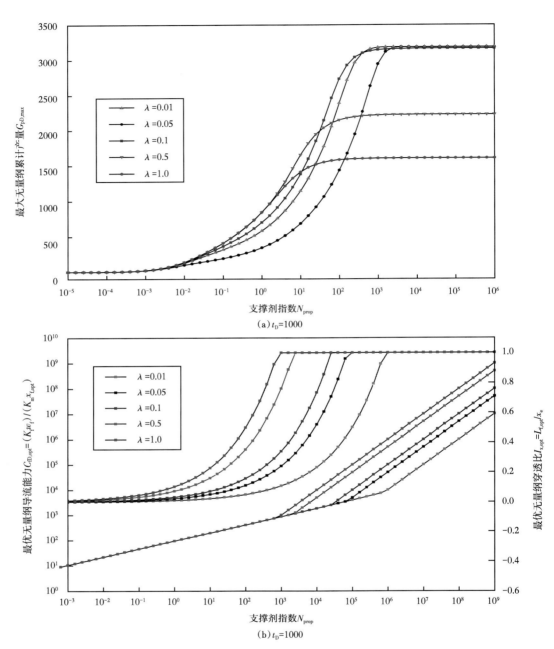

（a）$t_D=1000$

（b）$t_D=1000$

图 5-23　缝距和井距比对裂缝维数优化的影响

$C_{fracture}$——单段裂缝压裂成本；

n_w——水平井井数；

n_f——单口井压裂段数；

n——生产年限；

i_r——年利率。

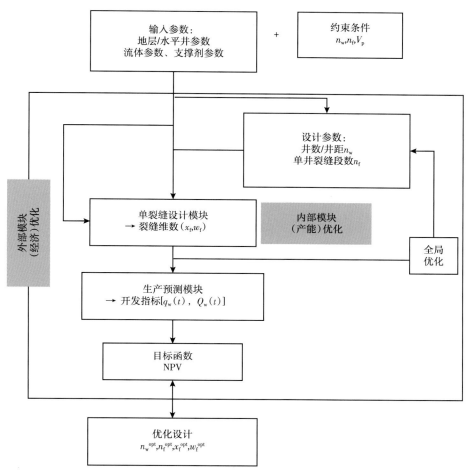

图 5-24　嵌入式多参数全局优化工作流程图

　　其他相应的经济参数参考文献［16］。设定无量纲时间 1000 为生产周期，考虑到实际压裂规模受工程条件限制，将平台总支撑剂体积设定为固定的约束条件，使用图解法演绎多参数优化流程。

　　图 5-25 为不同水平井井数、单井压裂段数条件下的平台最大累积产量的变化规律。由图 5-25 可知，平台最大累计产量（$G_{pD,max}$）随井数和单井压裂段数的增加而单调增加，当支撑剂指数较小时，平台最大累计产量随井数和段数的增加幅度基本一致［图 5-25（a）］；当支撑剂指数较大时，平台最大累计产量增加幅度相对减小，在 $n_f>30$ 和 $n_w>5$ 的区域内平台最大累计产量几乎不再增加［图 5-25（b）］。因此，以平台最大累计产量为目标函数时，在仅以压裂规模为约束条件的情况下，平台内部仅存在着最优裂缝维数，但并不存在最优井距（井数）、缝距（缝数）。

　　将开发指标计算结果代入经济评价模型，以净现值（NPV）为目标函数重新进行优化，结果如图 5-26 所示。图 5-26 中明显出现了极值点，说明存在着最优井距、缝距。同样

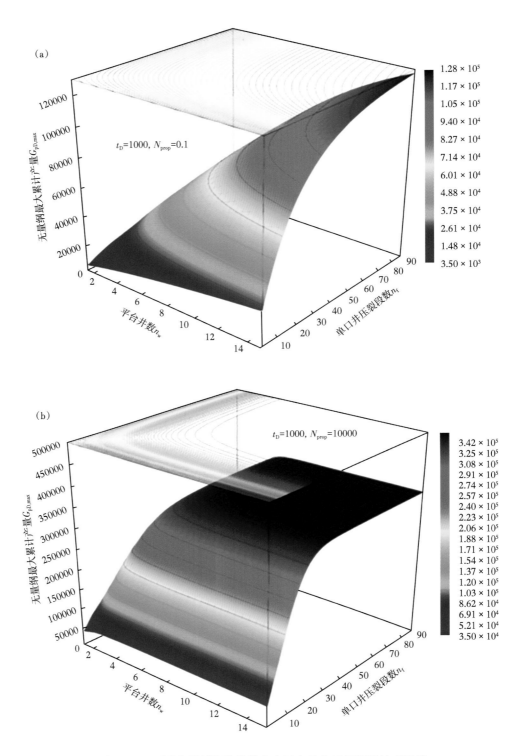

图 5-25 不同支撑剂指数条件半支平台最大无量纲累计产量值

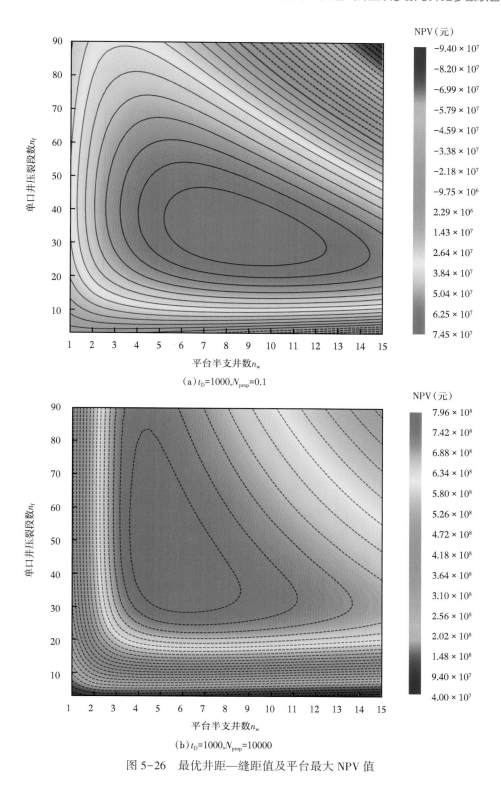

（a）$t_D=1000$,$N_{prop}=0.1$

（b）$t_D=1000$,$N_{prop}=10000$

图 5-26　最优井距—缝距值及平台最大 NPV 值

地，对应的裂缝维数优化结果如图 5-27 所示。这是由于随着压裂段数和井数的增加，虽然提高了平台的开发效果，但投资成本随之增加，当开发效果增加幅度小于投资增长幅度时的经济效益变差。因此在压裂规模和经济效益双重约束下多井平台内存在最优井距、缝距及裂缝维数，这为开发技术政策的制订提供了优化空间。

由图 5-26 可知，在本算例中，当压裂规模较小时（如 $N_{prop}=0.1$），最优井距较小（$n_{w,opt}\approx8$）、最优缝距较宽（$n_{f,opt}\approx35$）、裂缝穿透率较小（$I_{x,opt}\approx0.13$）、裂缝导流能力较低（$C_{fD,opt}\approx2.37$）。当压裂规模较大时（如 $N_{prop}=10^4$），相比于小压裂规模情况，最优井距增加（$n_{w,opt}\approx6$）、最优缝距减小（$n_{f,opt}\approx50$）、裂缝穿透率大幅度提高（$I_{x,opt}\approx0.84$）、但裂缝导流能力仍处于较低水平（$C_{fD,opt}\approx3.54$）。

四、复杂裂缝网络优化

实际页岩气中裂缝更为复杂，影响气井产能的因素更多。拟采用如下思路进行裂缝—井距优化：

（1）通过智能化历史拟合优选出 84 组最优参数组合，采用正交试验方法对井距指标进行组合取样；

（2）利用嵌入式离散裂缝模型预测不同方案下的区块内各口井的生产动态（如产气量、产水量等指标），使用净现值模型计算区块内的动态净现值；

（3）使用 K 近邻（KNN）算法进行大数据训练，建立井网—井距参数与净现值的对应关系，最终形成连续性的井网—井距优化图版。

五、不同井距缝网动态模拟

明确不同地应力差条件下形成的缝网动态特征。图 5-28 展示了不同应力差条件下的缝网累计产气量。在低应力差下，缝网与地层具有更大的接触面积，缝网交错且导流能力分布较为均匀，导致缝网覆盖区域内压力下降程度相对较小，压力场更为均匀，累计产气量始终较高。在高应力差下，缝网复杂程度较低，主裂缝沿最大水平主应力方向近似平行分布，缝间压降较大，同时缝内高导流能力主要集中在近井筒区域，靠近主裂缝尖端区域导流能力较低，裂缝整体导流能力不均匀，导致裂缝产能较低。

以中国四川页岩储层地应力条件为基础，建立地质（力学）模型，设计 4 种试验方案（包含井 1、井 2、井 3、井 4 共 4 口井），对应的井距分别 800m、400m、266m、200m，每口井压裂施工参数一致，采用多井同步压裂设计。由于岩石力学属性平面相同，水平井裂缝网络形态基本相同。采用相同的生产制度同时开井生产，模拟结果如图 5-29 所示。

当井距大于 400m 时井间几乎无干扰，井间干扰程度很低［图 5-30（a）］，单井全生命周期产能几乎不受干扰影响，区块采收率随井距呈线性增加；当井距小于 400m 时，随着井距的减小，单井产能受井间干扰影响开始增加，平台采收率增加幅度逐渐降低；当井距进一步降低时，井间裂缝出现压窜［图 5-30（b）］，井间干扰急剧增加。当完全实现了裂缝连通时进一步减小井距对提高区块采收率无显著提高作用。

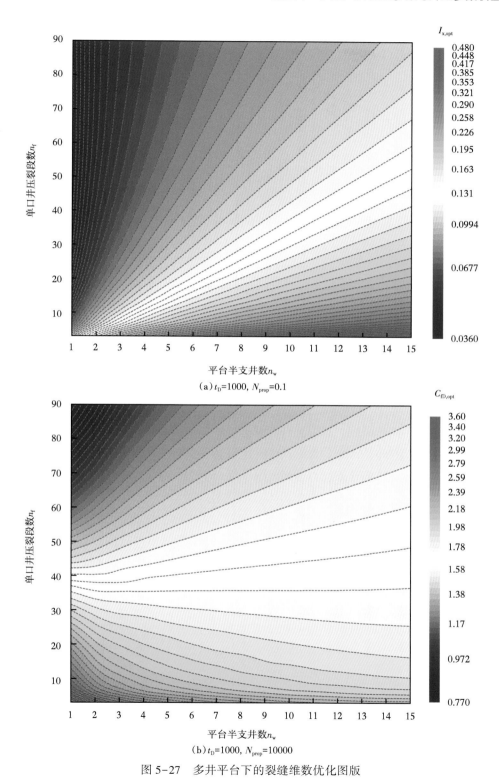

（a）t_D=1000, N_{prop}=0.1

（b）t_D=1000, N_{prop}=10000

图 5-27 多井平台下的裂缝维数优化图版

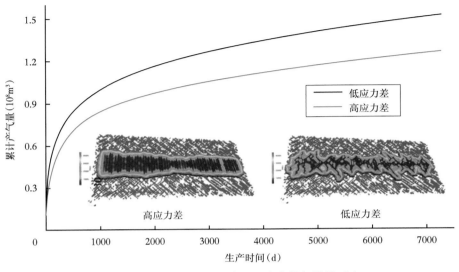

图 5-28　复杂缝网与平直缝网产能模拟结果对比

对于图 5-30 中的两种方案，取区块内平行井轨迹的中间线，图 5-31 提供了沿中心线的压力分布动态曲线。当井间距较大时，邻井间无压窜（即邻井间裂缝无连通），生产早期井间干扰程度很低，中心线处压力与原始地层压力相近；随着生产时间增加压力波及至中心线，井间开始形成较为显著的压力干扰（这里设定压力小于 41MPa 时表明发生干扰），对应图 5-31（a）中的棕色虚线，对应生产时间超过 8 年。当井距较小时邻井间裂缝连通，中心线压窜处（100m、160m、180m、500m）对应的地层压力与井底压力在整个生产过程中基本保持一致，人工裂缝无量纲导流能力达到无限导流（即 $C_{fD}>300$），缝内压降可忽略不计。

六、复杂缝网井距优化

图 5-32 是同一区块不同井距条件下单井/区块开发指标模拟数据，其中区块总面积为 2.72km^2，总地质储量为 $19.25×10^8$m^3。结果表明随着井距的减小，区块累计产量增加幅度逐渐降低，当井间完全实现了裂缝连通时区块累计产量达到最大值，此时若要进一步提高区块采收率应当考虑采取交错式布缝方案。

在兼顾单井 EUR 前提下分析区块 EUR 随井距变化规律，图 5-33 反映了区块 EUR 随井距的变化率，极值点对应的井距在 400m，表示井距小于 400m 后，随井距减小区块 EUR 增加幅度变小，可视为最优井距协调点。

利用数值模拟模型，通过与实际气井的生产数据进行历史拟合得到可靠的动态参数，在此基础上利用井距做敏感度分析，并利用区块 EUR 与井距的变化率关系优选合理井距。图 5-34 为川南某口页岩气井历史拟合及不同井距条件下的动态预测结果。

表 5-1 为典型井井距优化前后指标对比，优化前井距为 400m，根据有效缝长和控制面积内的穿透比进行井距优化，可以看出优化后井距为 270~390m，单井 EUR 略有降低，

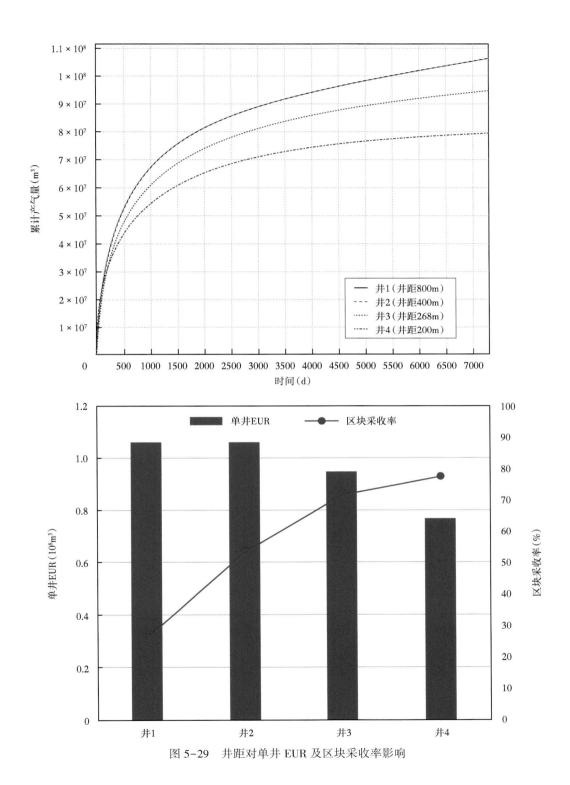

图 5-29 井距对单井 EUR 及区块采收率影响

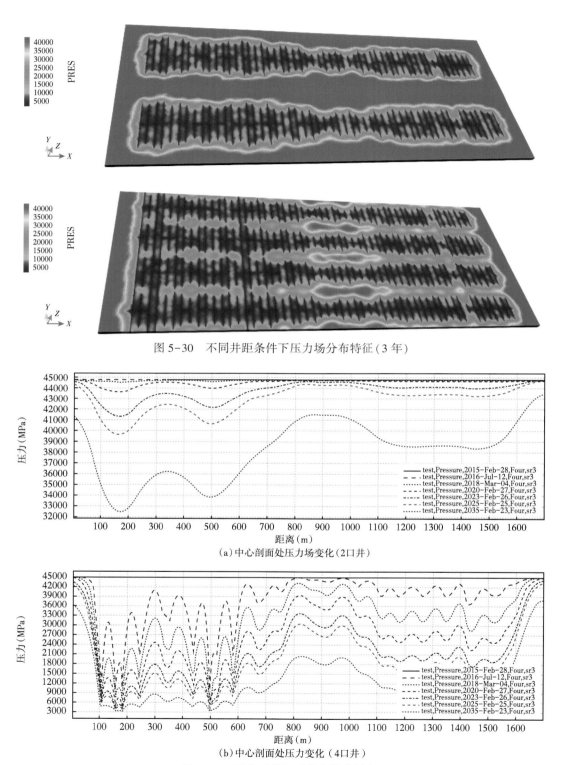

图5-30　不同井距条件下压力场分布特征（3年）

（a）中心剖面处压力场变化（2口井）

（b）中心剖面处压力变化（4口井）

图5-31　压窜对井间干扰的影响图版

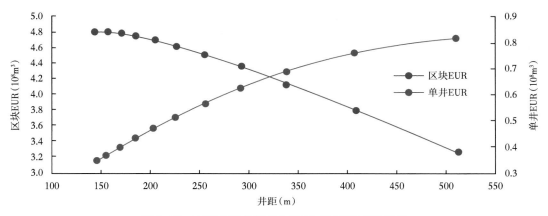

图 5-32　不同井距条件下生产 20 年 EUR 对比图版

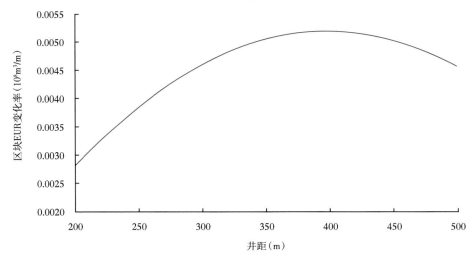

图 5-33　平台 EUR 随井距变化率

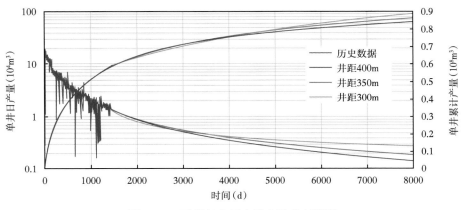

图 5-34　页岩气井历史拟合及动态预测

但能够较大幅度地提高井控储量采收率，达到充分利用资源的目的。

表 5-1　川南页岩气区块井距优化前后单井开发指标对比

	参数	X 平台		Y 平台		Z 平台	
		X1	X2	Y1	Y2	Z1	Z2
优化前	裂缝半长（m）	130.2	176.3	167.5	122.1	147.2	129.5
	井距（m）	400	400	400	400	400	400
	EUR（$10^8 m^3$）	1.03	0.68	0.99	0.72	0.93	0.73
	井控采收率（%）	25.6	19.3	28.9	28.6	26.5	21.4
优化后	井距（m）	289	392	373	271	327	288
	EUR（$10^8 m^3$）	0.98	0.67	0.96	0.71	0.90	0.68
	井控采收率（%）	33.7	19.5	30.3	40.7	29.7	28.9

经济评价法是井距优化的最后手段，以实际产量数据或数值模拟预测的产量数据为基础，进行全生命周期效益对比，是数值模拟法确定井距的约束条件。净现值模型是一种广泛用于油气行业评价投资项目经济效益的模型。对于气藏开发，实际井距（井数）优化结果主要受经济效益影响。井距减小、井数增加整体提高了气田储量采出程度，但同时也增加了钻完井成本。故本文引入净现值（NPV）模型优化井距/井数：

$$\text{NPV} = \sum_{j=1}^{n} \frac{(G_{p,j} - G_{p,j-1})}{(1+i_r)^j} - \left[\text{FC} + \sum_{k=1}^{n_w} \left(C_{well} + \sum^{n_f} C_{fracture} \right) \right] \quad (5-33)$$

式中　$G_{p,j}$——第 j 年累计产量；

　　　FC——固定总投资；

　　　C_{well}——单井钻井成本；

　　　$C_{fracture}$——单段裂缝压裂成本；

　　　n_w——水平井井数；

　　　n_f——单口井压裂段数；

　　　n——生产年限；

　　　i_r——年利率。

经济指标参数见表 5-2。

表 5-2　YS108 井区页岩气开发经济评价基础参数表

经济参数	取值
地面建设工程成本（万元）	1000
单井钻井成本（万元）	1800
单井压裂成本（万元）	2500
页岩气操作成本（元/$10^3 m^3$）	200
年利率（%）	8
天然气价格（元/m^3）	1.275

计算结果如图 5-35 所示。随着生产时间增加，累计产气量增加，带来总利润的增加，但在生产后期由于累计产量增速变缓，导致净现值增速也相应放缓。同时在生产早期，随着井距的减小，同一区块内需要部署的井数增加，钻井投资也相应增加，但带来的收益也相应增加，且增加的利润不能够抵消资金投入，因此井距越小，净现值越低。

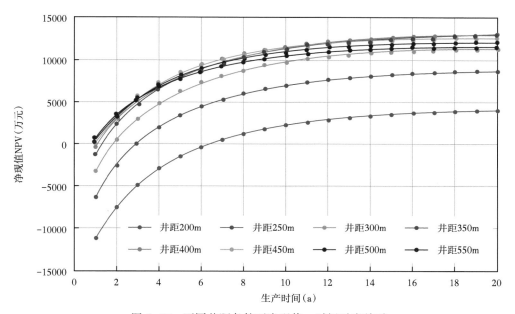

图 5-35　不同井距条件下净现值—时间对应关系

图 5-36 给出了净现值与井距变化的对应关系，从图中可以看出，当生产时间较短时（小于 5 年），随着井距增加，区块净现值增加，此时井间干扰较小，采储量转换成的效益能够完全抵扣投入；当生产时间较长时（大于 5 年），井距存在临界值，井距一旦超过该临界值，净现值从增加变为降低，原因在于随着井距减小，井间干扰效应增加，形成的经济效益不足以覆盖相应的钻井压裂投资。

当生产评价周期内（20 年），最优井距井距约为 350m，提出的 250~400m 井距优化区间相符，其对应的 NPV 值为 1.3 亿元。此方法是通用操作流程，据此可以论证出页岩气井距的可接受范围，根据该井距范围进行工程试验论证才更具有可操作性。地质特征和工程技术的差异，甚至是气价调整都会使合理井距优化值发生变化，因此有必要运用动态模拟+经济评价的思路进行综合研究。

七、井距智能优化

根据第四章第二节的相关方法，对气井生产动态进行自动历史拟合。

根据获得 84 组参数组合，分别设定 5 组井距方案进行产量预测，共 420 组，结果如图 5-37所示。需要强调的是，对于 6 口井方案（即小井距方案），气井在生产初期具有较高的产气量［图 5-37（a）］，但到了开发中后期（大概 5 年以后），单井产气量迅速下降，达到 5

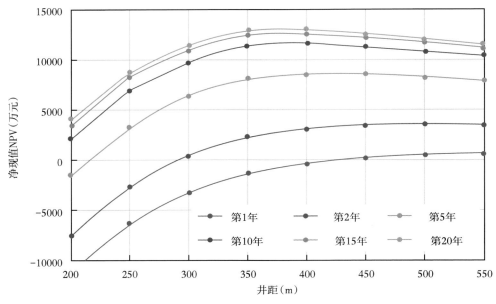

图 5-36　YS108 井区井距优选图版

组方案中的最低值，证明了小井距条件下随着生产时间的增加，井间干扰程度作用逐渐显著。

图 5-37（b）为区块总的累计产气量，从 2 口井到 3 口井，两组方案间预测曲线无重叠区域，整体上呈线性增加趋势，表示井间干扰程度极低，井数越多，气藏整体开发效果越好；从 5 口井到 6 口井方案，两组预测曲线间存在大量重叠区域，表示井间干扰程度日趋严重，存在井距优化空间。

为了进一步厘清井距对产气量影响，将 5 组方案分别进行概率统计，制作对数累计概率图版（图 5-38），其中横轴为单井 EUR，纵轴为累计概率，统计结果满足线性关系。整体上看，井距越大，单井 EUR 越高。

取 P_{50} 概率值对应的单井 EUR，统计结果见表 5-3。随着井距增加，井间干扰程度减缓，单井 EUR 逐渐增加，但增加幅度逐渐变小。当在生产周期内井间干扰程度很低时，井距对单井 EUR 几乎无影响。

表 5-3　不同井距方案下单井 EUR 累计概率 P_{10}—P_{50}—P_{90} 结果汇总表

井距（m）	EUR P_{10}（$10^8 m^3$/井）	EUR P_{50}（$10^8 m^3$/井）	EUR P_{90}（$10^8 m^3$/井）
427m（2 口井）	1.254	1.413	1.557
315m（3 口井）	1.195	1.317	1.423
236m（4 口井）	1.068	1.160	1.274
189m（5 口井）	0.906	1.014	1.119
158m（6 口井）	0.799	0.895	0.991

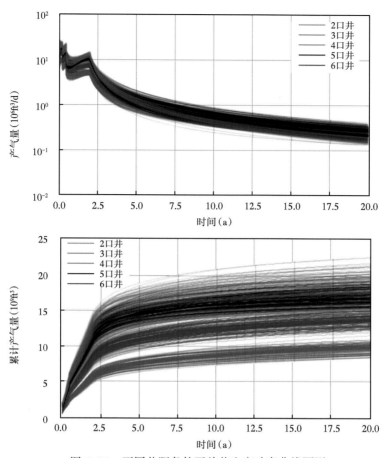

图 5-37　不同井距条件下单井生产动态曲线预测

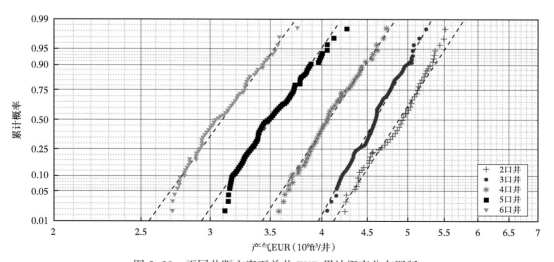

图 5-38　不同井距方案下单井 EUR 累计概率分布图版

根据表 5-2 中提供的经济参数，计算 5 个方案共 420 组 NPV 结果（图 5-39）。每个方案采用箱型图，其中上、中、下三条线分别代表累计概率 P_{25}、P_{50}、P_{75} 下的 NPV 值。取 P_{50} 对应的 NPV 值，最高 NPV 对应的井距为 258m。

利用 K 邻近算法处理图 5-39 中的数据点，获得 5 个方案间的预测结果（图 5-40）。通过计算后得到的井距为 264m。

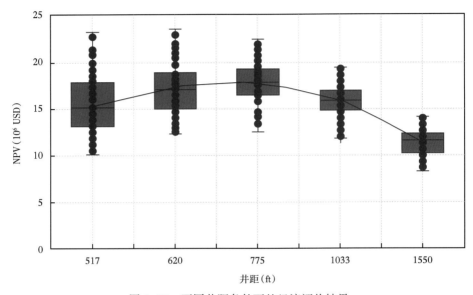

图 5-39　不同井距条件下的经济评价结果

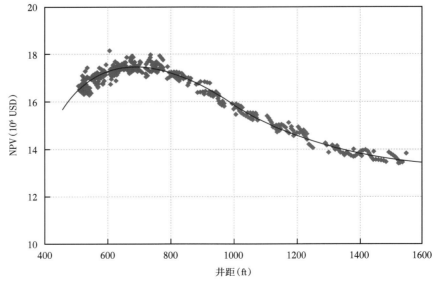

图 5-40　井距优化图版

第六章　立体双层井网井距优化

目前我国南方海相页岩气的开发（龙一$_1^1$小层）主要采用水平井方法，单井实现了效益开发，但区块储量采出程度不足 20%，要实现区块的高效科学开发，急需开展提高页岩气采收率研究；要保持页岩气规模上产和长期稳产，又面临有效建产区域有限的问题，提高页岩气采收率也是最现实的需求。

第一节　立体井网部署模式

根据靶体位于不同层位所形成的支撑裂缝缝高，结合对应的裂缝产能，在确保足够纵向空间以避免缝高压窜的前提下，立体井网靶体分别部署在#1 小层和#4 小层，同时平面上邻井采用交错布缝，最大限度避免压窜，部署模式如图 6-1 所示。通过部署两层水平

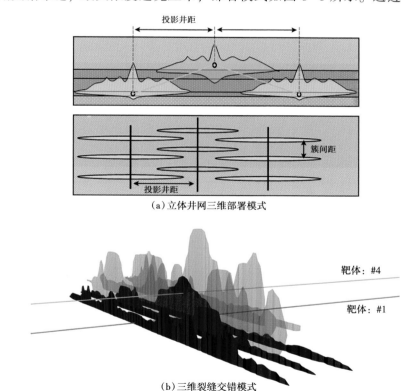

（a）立体井网三维部署模式

（b）三维裂缝交错模式

图 6-1　立体井网部署模式

井，纵向储量控制程度大幅度增加。

　　以三口井为例，中间井部署在龙一$_1^4$小层，两侧井部署在龙一$_1^1$小层，图6-2模拟了平面投影井距为250~400m的单井产能，井距不大于300m时井间开始发生显著干扰（图6-3）。当井距为300m时，靶体位于龙一$_1^1$小层的水平井井间干扰强度较低，而靶体位于龙一$_1^4$小层水平井在生产后期已发生较为显著的井间干扰，原因在于：（1）同一层位内水平井尚未产生干扰，同层内对应井距为600m，表现为图6-2（a）中靶体位于龙一$_1^1$小层两口水平井独立生产，无显著压力连通；（2）上下两套水平井通过龙一$_1^3$小层内纵向上产生干扰，靶体位于龙一$_1^4$小层的三维裂缝导流能力低于靶体位于#1小层的裂缝，导致其在地层内的导流能力不足，井间干扰对其产能影响程度更大。当井距为200m时，下部水平井（靶

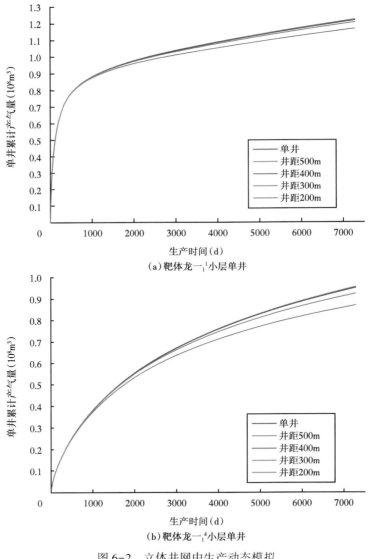

（a）靶体龙一$_1^1$小层单井

（b）靶体龙一$_1^4$小层单井

图6-2　立体井网中生产动态模拟

体位于龙一$_1^1$小层）也开始发生显著的井间干扰，主要来自同一层位内水平井之间的压力干扰，同时上层水平井产能下降幅度进一步增加。

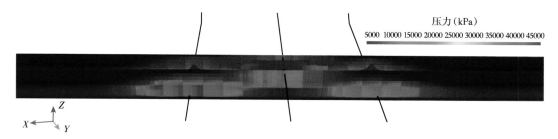

图 6-3　300m 井距时立体交错井网压力场（第 1 年）

为了突出立体部署相比于同层部署在井距设计中的优势，设计两种对比模式，即同层模式（靶体全部位于龙一$_1^1$层位）和立体模式（靶体交错位于龙一$_1^1$和龙一$_1^4$层位）。这里，横向地层距离 800m 分别设置 1~4 口井（对应井距分别为 800m、400m、266m、200m），考虑天然裂缝影响。

同层模式：如图 6-4 所示，当井距不小于 400m 时井间几乎无干扰，单井全生命周期产能几乎不受干扰影响，区块采收率随井距减小呈线性增加；当井距小于 400m 时井间存在显著干扰，单井产能受抑制，表现为区块采收率增加幅度逐渐降低；当井距继续降低时，井间裂缝出现压窜，井间干扰急剧增加，当裂缝完全连通时继续减小井距对提高区块采收率无显著作用。

从纵向动用程度上分析，图 6-5 展示了三口井条件下的不同地层层面的压力场。靶体位于龙一$_1^1$小层时，裂缝高度主要控制龙一$_1^1$—龙一$_1^3$小层，根据裂缝截面形态，其对下部地层控制作用更为显著（对应图 6-5a 中缝网控制范围内龙一$_1^1$小层压降明显），而在上部地层中裂缝截面变小，加之纵向渗透率极低，上部层位储量难以动用［对应图 6-5（b）］。

立体模式：以 3 口井为例（井距为 266m），图 6-6 对比了同层模式与交错模式下的单井 EUR 和区块 EUR，这里定义单井产能井间干扰率（或产能损耗率）：

$$\eta = \frac{EUR_{single} - EUR_{multiple}}{EUR_{single}} \times 100\% \qquad (6-1)$$

式中　EUR_{single}——单井独立生产时单井 EUR；

　　　$EUR_{multiple}$——多井生产时单井 EUR。

图 6-6（a）为同层模式下靶体分别位于龙一$_1^1$和龙一$_1^4$小层时的单井生产动态曲线，其中靶体位于龙一$_1^1$小层时井间干扰率（19.9%）明显高于靶体位于龙一$_1^4$小层（9.9%），主要原因在于前者主力动用层段的地层孔渗性好于后者，良好的地层传导效率增加了井间干扰程度，这与压力波传播距离规律一致。图 6-6（b）中井网变换为交错部署，通过水平井靶体层位调整，上下部水平井的井间干扰率均发生了明显下降［图 6-6（b）中下部井的井间干扰率由 9.9% 降至 5.2%，上部井的井间干扰率由 19.9% 降至 15.5%］，强度较弱的

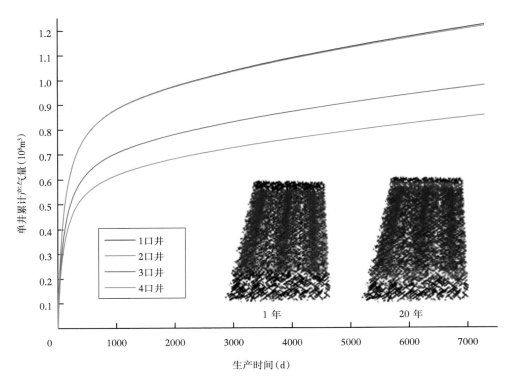

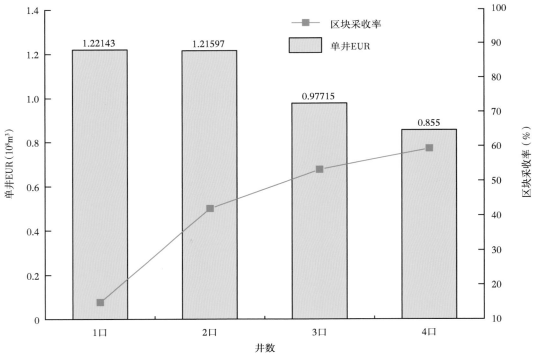

图 6-4　同层模式下井距对单井 EUR 及区块采收率影响

PRES

5000　10000　15000　20000　25000　30000　35000　40000

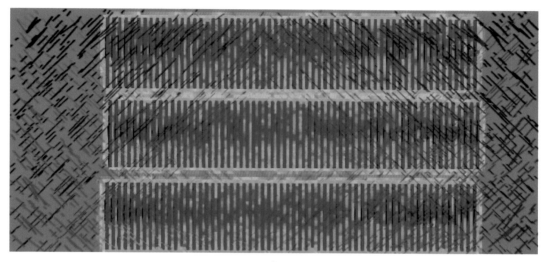

(a)龙一$_1^1$小层底部

PRES

10000　15000　20000　25000　30000　35000　40000

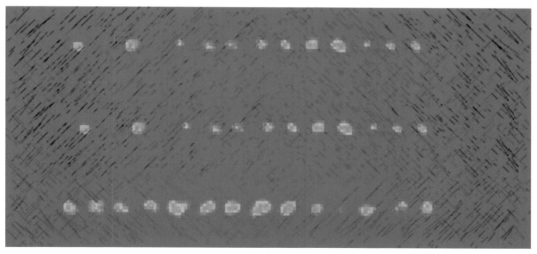

(b)龙一$_1^3$小层顶部

图 6-5　井距对单井 EUR 及区块采收率影响（1 年）

纵向干扰一定程度上缓解了同层部署时的平面井间干扰（图 6-7）。图 6-6(c)为不同部署模式下的区块 EUR 对比。相比其他两种模式，靶体均位于龙一$_1^4$ 小层时虽然井间干扰程度较低，但受制于上部单井 EUR 规模，区块 EUR 整体仍然较低；而交错部署模式，通过部署 1 口产能较低的上部井，有效缓解了井间干扰，区块 EUR 反而略高于靶体均位于龙一$_1^1$

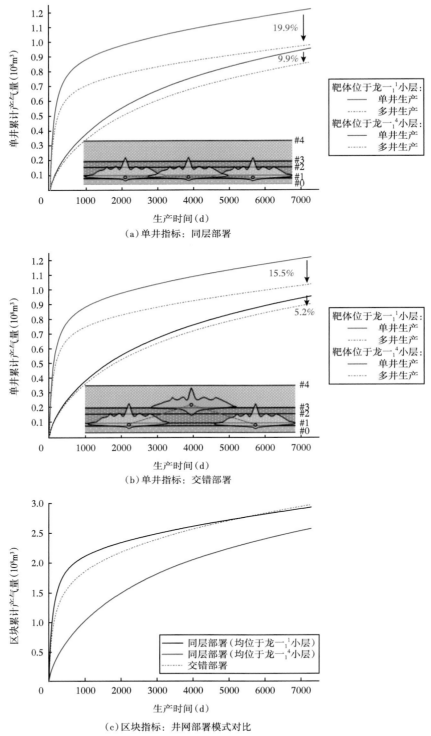

（a）单井指标：同层部署

（b）单井指标：交错部署

（c）区块指标：井网部署模式对比

图 6-6　立体井网对单井 EUR 及区块采收率影响（3 口井）

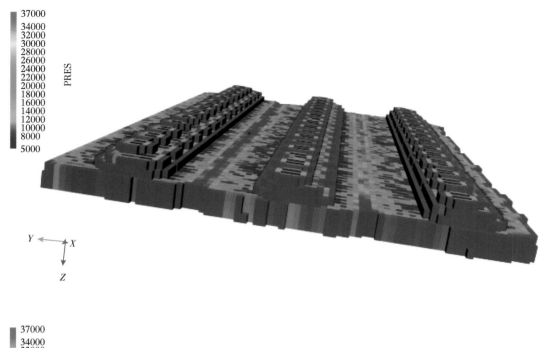

图 6-7 同层模式与立体模式下对应的压力场(1 年)

小层的同层模式。

图 6-8 为进一步对比更小井距下的同层模式(靶体均位于龙一$_1^1$ 小层)与立体模式的 EUR。井距减小意味着同一区块内可部署井数增加,区块 EUR 逐渐提高,但增长幅度逐渐降低;立体交错模式通过提高纵向控制范围,合理规避同层间、纵向间干扰,将上下部储层联合动用,随着井距减小,该模式相比于同层部署的趋势更为明显,区块 EUR 从 266m 井距下的提升幅度 1.39% 提高到 200m 井距下的 5.87%。

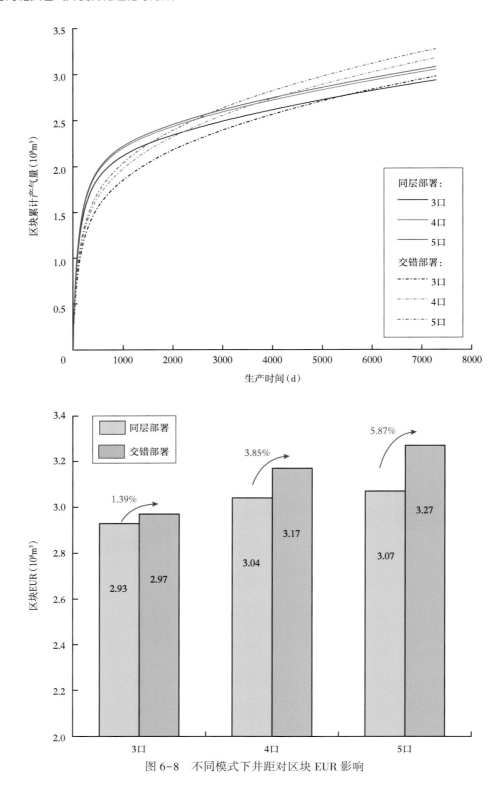

图6-8 不同模式下井距对区块EUR影响

第二节　立体井网开发优化

一、立体井网开发效果

选取昭通某页岩气立体开发平台进行实例分析，建立三维地质力学模型、三维地质模型和天然裂缝模型，根据泵注参数借助压裂模拟模型模拟人工裂缝（图6-9）。

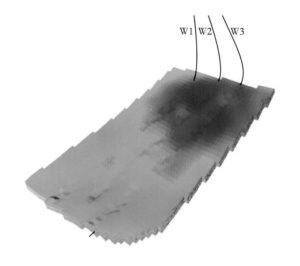

（a）复杂地质模型

（b）复杂人工裂缝

（c）复杂人工裂缝—天然裂缝网络

图6-9　三维地质模型及人工裂缝—天然裂缝模型

该平台共有设计 3 口井，其中井 2 位于中间，设计靶体在龙一$_1^4$ 小层，其余两口井靶体在龙一$_1^1$ 小层，平面投影井距在 275~305m，主要的钻井及压裂参数见表 6-1。实钻监测表明轨迹控制较好，纵向上靶体错开 12m 以上，基本实现小井距立体开发，满足设计要求。

表 6-1 试验井组各井主要施工参数

井名	水平段长度（m）	压裂段数	簇数	加砂强度（t/m）	用液强度（m³/m）	目标靶体
井 1	1513	26	78	2.29	36.6	龙一$_1^1$
井 2	1385	18	51	1.85	31.9	龙一$_1^4$
井 3	1717	29	89	2.53	38.2	龙一$_1^1$

建立嵌入式离散裂缝模型对 3 口井同时生产进行模拟。基于蒙特卡洛—马尔科夫机器学习算法，利用神经网络训练获得代理模型，形成智能算法驱动自动历史拟合技术[26-27]，实现了高效精确评估复杂裂缝系统的有效性（包括有效缝高、缝长、导流能力）。采用多井同步自动历史拟合，分别以井底压力数据作为各井的输入条件，共进行八步自动迭代，全局误差设定小于 45%，从中优选出 65 套历史拟合解，拟合效果如图 6-10 所示（以井 1 为例）。

以人工裂缝延伸模拟结果（缝长、缝高、导流能力）作为初始待拟合参数，历史拟合过程中假定裂缝参数等比例变化，校正后的人工裂缝参数统计结果如下：井 1 平均支撑缝高 17.18m、平均支撑缝长 267m、平均导流能力 75mD·m；井 3 平均支撑缝高 22.77m、平均支撑缝长 198.87m、平均导流能力 125mD·m；靶体位于上部的井 2 平均支撑缝高 30.13m、平均支撑缝长 298.78m、平均导流能力 136mD·m。

对校正后的复杂裂缝网络进行产能模拟，结果如图 6-12 所示。图 6-12（a）为三口井同步生产时的累计产气量曲线，井 1、井 2、井 3 的单井 EUR 分别为 8011×10⁴m³、6599×10⁴m³、7311×10⁴m³，即井 1>井 3>井 2。相比于井 3，井 1 靶体位于下部层位，对应层位的产能潜力较大，虽然裂缝导流能力较低，但水平段较长、压裂级数较多，保证了缝网与地层的接触面积，足够大的缝网接触面积保证了水平井的产能。中间的井 2 位于上部地层，储量基础和地层孔渗性均较差，加之井 2 与邻井发生较大规模压窜，而邻井产能又较高，增加了井 2 受干扰的程度，导致其气井产能明显低于其他两口井，对应的单井产能井间干扰率也最高[图 6-12（b）]，干扰率高于邻井 8% 左右。

整体来看，该井组采收率达到 27.5%，较周围采用井距 400m 的开发井组采收率高 5%~10%，立体错层开发取得较好的开发效果。图 6-13 显示了第一年时对应的压力场，除了个别压裂段，井间在平面上和纵向上均发生了较为显著的压窜，说明存在较为严重的裂缝重叠，即使采用交错部署的模式也导致在很短的时间内井间发生相互干扰，制约了气井产能的发挥，证明了目前水平井设计和压裂工艺条件下，压裂规模（缝高、缝长）过大，井距与压裂缝不匹配。

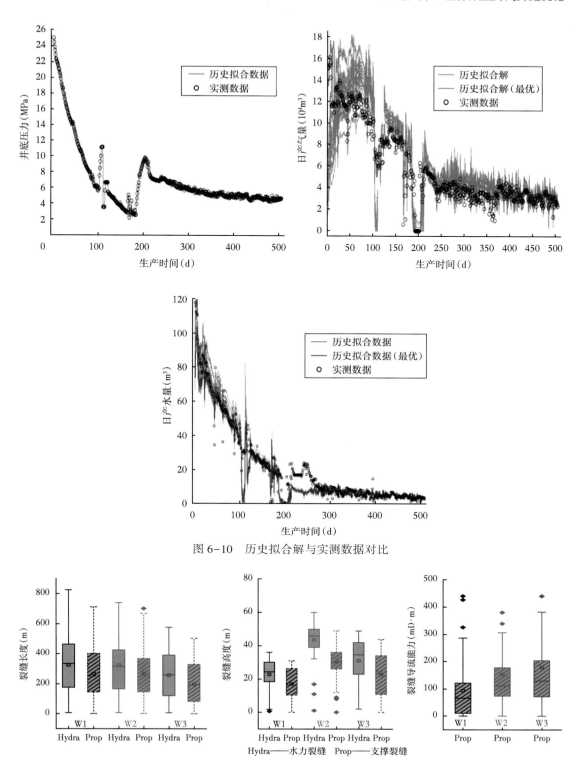

图 6-10 历史拟合解与实测数据对比

图 6-11 校正后的人工裂缝参数统计图

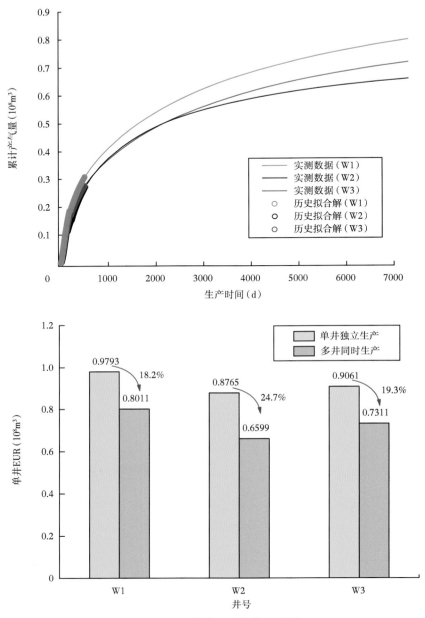

图 6-12　立体井网产能模拟结果

二、人工裂缝与井距匹配关系

在目前井距和压裂规模条件下，可使用暂堵转向、密切割等工艺形成多裂缝、短缝长、低缝高、高导流的人工裂缝（图 6-14）。在控缝长、缝高基础上，通过增加裂缝段数（增加 1 倍），保证了缝网与地层接触面积，大概率避免了平面上和纵向上的井间压窜，同时增大了缝网内导流能力。

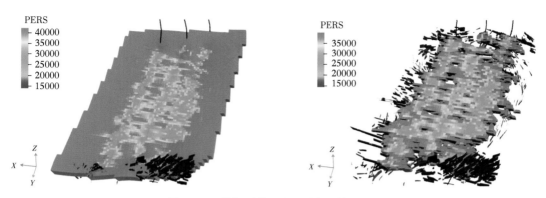

图 6-13　井间干扰下的压力场（第 1 年）

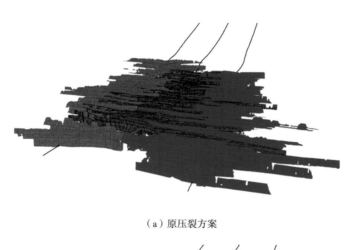

（a）原压裂方案

（b）优化后方案

图 6-14　压裂方案优化前后人工裂缝分布

　　图 6-15 为压裂优化方案后的区块生产动态。图 6-15（a）中，当气井单独生产时，由于缝网产能指数得到了提高，优化后的三口井单井 EUR 较原方案分别增加 14.7%、3.7%、

7.6%；当同时三口井投产时，单井井间干扰率较原方案显著下降，区块累计产气量较原方案增加 0.49×10⁸m³。图 6-15（b）显示了第一年末的井组压力场，表明井间未发生大面积压窜，井间干扰程度得到了较好控制，井组开发效果良好。

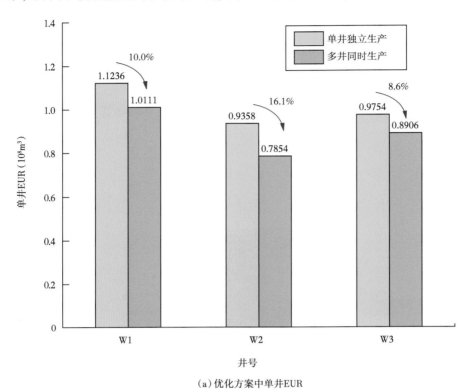

（a）优化方案中单井EUR

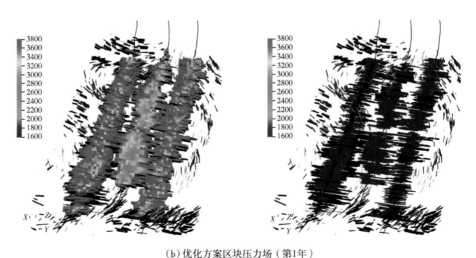

（b）优化方案区块压力场（第1年）

图 6-15　优化方案下区块生产动态模拟

对优化前后方案中三口井的人工裂缝长度做统计分析，取累积概率 $P_{80} \sim P_{90}$ 对应值作为合理井距区间。从图 6-16 可以看出，原方案中合理井距在 375~455m 之间，远高于实际约 300m 的井距（对应累计概率约为 60%），这意味超过 40% 的裂缝超过井距发生压窜；优化方案对应额合理井距在 280~320m 之间，与实际井距相符，其较好的开发效果也证实了压裂设计与井距匹配性。因此，通过平衡裂缝与地层接触面积、井间干扰、裂缝与地层流入流出动态关系能够保证井组开发效果。

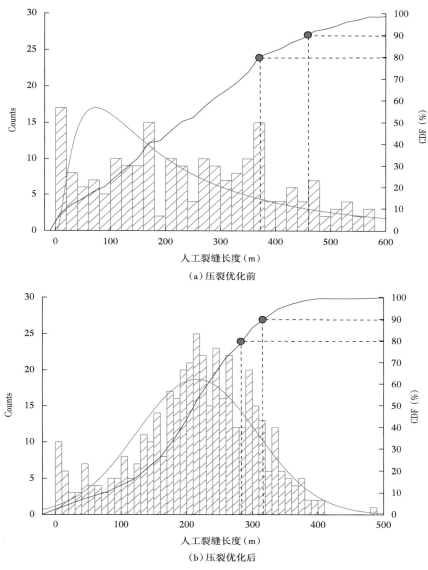

（a）压裂优化前

（b）压裂优化后

图 6-16 人工裂缝长度概率及累计概率图版

第七章　页岩气井配产及生产制度优化

按照北美地区典型的气井以高产量递减进行生产，能够获得最大经济效益，但可能也会带来一些风险，如不能获得最大累计产气量等。由于气藏极低的渗透率，高产量会导致改造体积内地层压力快速降低，改造范围内压力降低也表明缝内压力快速降低，上覆岩层压力很快使得缝内支撑剂产生形变破碎等，主要影响人工裂缝的导流能力。破碎的支撑剂嵌入使得裂缝高导流能力急剧减小，高导流有效时间缩短；另外高产量生产还可能引起地层微粒运移，堵塞高速渗流通道，渗流阻力增大也会使得产量很快下降。

本章总结北美地区的配产制度，对比 YS108 井区气井初期配产。根据投产井实际压降情况，论证目前生产制度的合理性；建立裂缝应力敏感性与压降制度关系，带入气井产能评价模型预测生产动态；结合经济效益优选单井最优生产制度，形成无量纲压降理论图版。

第一节　页岩气井典型配产制度

一、北美地区配产经验

北美地区页岩气井采用的生产制度不是"敞喷"，不同页岩气盆地作业者控制气井生产需要综合考虑储层能量、采出速度、储量动用、工程改造后的地层出砂风险及地面管网的进网压力等。北美地区页岩气作业者通常以采气速度作为优先考虑因素，制订生产制度。若采气速度过高，会造成支撑剂嵌入、微粒运移、支撑剂形变，但可维持初期高产、增加短期现金流。

在生产试气返排过程中，普遍倾向于采用逐渐增大油嘴开展试气返排的工作以防止初期井底压差过大引起支撑剂的压实及嵌入导致的水力裂缝导流能力丧失（表 7-1）。

另外，在北美各主要页岩气井区普遍存在低返排率现象，实际生产过程中压裂后的返排率通常不超过 50%，而且往往观察到压后产量越高的井初期生产的返排率越低。巴内特（Barnett）页岩气产区平均返排率在 4%～30% 之间，海耶斯维尔（Haynesville）页岩气产区平均返排率在 5%～20% 之间，鹰滩（Eagle Ford）页岩气产区平均返排率在 2%～40% 之间，马塞勒斯（Marcellus）页岩气产区平均返排率在 4%～30% 之间。目前一个可能的解释是：不同于亲水性的致密砂岩，压裂水相流体进入地层后有利于将亲水性的无机质微孔隙中的烃挤压到亲油性的有机质孔隙中而提高产气量。

表7-1　北美主要页岩气井区返排过程的油嘴变化统计

页岩气田	作业者	套管尺寸（in）	油嘴变化	备注
海耶斯维尔（Haynesville）	A	5	把9.53mm作为生产油嘴尺寸	
	其他	5.5	一般从3.18mm油嘴开始生产，逐步放大油嘴	
鹰滩（Eagle Ford）	B		初期24h，油嘴3.97mm；随后增加至4.76mm，再增加至6.35mm	
	C		很长一段时间采用3.18~3.97mm的油嘴	
	D		初始采用4.76mm，每生产24h放大油嘴，当产量压力都开始下降时为最大油嘴尺寸，最大采用7.94mm作为生产油嘴	
	其他	5.5	3.18mm油嘴开始生产，之后不断增大，保证初期压降低于0.17MPa/d	多数用套管生产，之后加装2⅞in油管生产
其他盆地		5.5	压力梯度大于1.48MPa/100m，缓慢增大油嘴慢返排　压力梯度小于1.37MPa/100m，适当放大油嘴快返排	

　　北美地区的一些作业者曾经在路易斯安那州波西尔教区（Bossier Parish）海耶斯维尔页岩气井中选取了两组储层物性和压裂工艺相同的生产井，其中一组7口井采用14~22in（5.6~8.7mm）油嘴，一组4口井采用24~30in（9.5~11.9mm）油嘴开展3年的生产跟踪。研究发现采用小油嘴（14~22in）的生产井递减率大幅小于大油嘴（24~30in）的生产井并且小油嘴生产井3年内的累计产气量高出大油嘴生产井30%以上。如图7-1所示，生产过程中大压差所导致的裂缝渗透率下降对最终产量的影响非常巨大。

　　采用限产生产的实践得出：在第一年单井的日产气量递减速度由80%~85%下降至45%~50%，可以使得区块产量更加稳定地增长，同时降低了高产量生产风险，能够获得更高的累计产气量，增加的这部分产量可以补偿由于孔隙体积缩小和延迟采收速度带来的经济影响。另外，较高的井口压力能够推迟安装井场增压设备，延缓资金投入。所以综上所述，显然配产生产制度更适用于中国页岩气开发的现状。

二、类比配产

　　川南地区五峰组—龙马溪组页岩有机碳、孔隙度、含气量、脆性矿物含量、埋深、压力系数等储层关键评价参数与焦石坝页岩气田相当，与北美海耶斯维尔气田相似程度高（表7-2）。

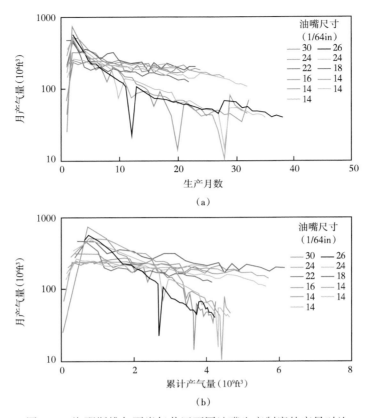

图 7-1　海耶斯维尔页岩气井区不同油嘴生产制度的产量对比

表 7-2　川南页岩气与北美页岩气地质条件对比

页岩气区块	马塞勒斯（Marcellus）	巴内特（Barnett）	海耶斯维尔（Haynesville）	焦石坝	川南地区			
					威远区块	长宁区块	泸州区块	渝西区块
盆地名	阿巴拉契亚	沃斯堡	北路易斯安娜	四川盆地	四川盆地	四川盆地	四川盆地	四川盆地
层位	泥盆系	石炭系	侏罗系	志留系	志留系	志留系	志留系	志留系
埋藏深度（m）	1291~2591	1981~2591	3000~4700	2000~4500	1500~4000	2000~4000	3000~4500	4000~4500
TOC（%）	3.0~12.0	2.0~7.0	2.0~6.0	2.0~6.0	3.4~3.8	3.6~4.4	2.8~3.3	3.0~3.2
有效厚度（m）	15~61	15~61	61~107	20~40	20~45	25~35	32~65	29~66
含气量（m³/t）	1.7~2.8	8.5~9.9	2.8~9.4	2~5	2.0~7.5	5~7.5	2.9~4.6	3.6~5.7
压力系数	1.01~1.34	1.41~1.44	1.6~2.1	1.5~2.0	1.2~2.0	1.2~2.0	1.8~2.3	1.8~2.0
干酪根类型	Ⅰ—Ⅱ型	Ⅰ—Ⅱ型	Ⅰ—Ⅱ型	Ⅰ型	Ⅰ型	Ⅰ型	Ⅰ型	Ⅰ型

续表

页岩气区块	马塞勒斯 (Marcellus)	巴内特 (Barnett)	海耶斯维尔 (Haynesville)	焦石坝	川南地区			
					威远区块	长宁区块	泸州区块	渝西区块
R_o(%)	1.5~3.0	1.1~2.2	1.8~2.5	2.4~2.8	1.8~3.0	2.3~2.9	2.3~3.0	2.3~3.0
孔隙度（%）	10.0	4.0~5.0	4.0~12.0	3.0~7.0	4.5~7.5	3.5~7.0	4.4~5.7	3.4~5.9
脆性矿物含量（%）	20~60		65~75	30~55	57~71	66~80	55~72	52~68
构造复杂程度	简单	简单	简单	简单	简单—中等	中等—复杂	中等—复杂	中等—复杂

筛选出可用于的类比海耶斯维尔页岩气田内的气井，根据井长度、初始产量对气井分类，并分别建立不同类型气井第一年累计产气量的累计概率分布图版，根据 P_{50} 概率对应的折算日产量指导昭通地区的气井配产（图7-2）。

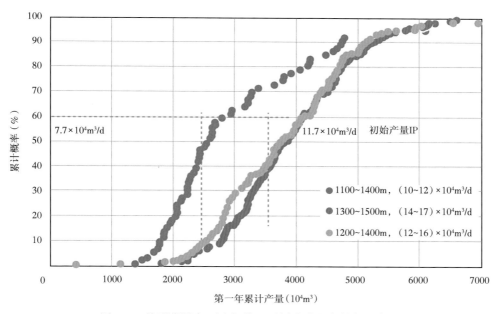

图7-2　海耶斯维尔页岩气井区不同油嘴生产制度的产量

如图7-3所示，海耶斯维尔采用通过初始产量选择合适油嘴尺寸控制压降速率，初产量小于 $30\times10^4\mathrm{m}^3/\mathrm{d}$ 优选 $\phi5.6\mathrm{mm}$ 油嘴、大于 $60\times10^4\mathrm{m}^3/\mathrm{d}$ 优选 $\phi9.5\mathrm{mm}$ 油嘴，稳产期内坚持控压生产，井口压降小于 $0.07\mathrm{MPa}/\mathrm{d}$，否则应调小油嘴。

根据采气管理实践形成了昭通地区井口压力控制原则（表7-3），YS108井区首年平均日产量约为 $6.5\times10^4\mathrm{m}^3/\mathrm{d}$，首年平均压降速率 $0.014\mathrm{MPa}/\mathrm{d}$，同时也基本符合海耶斯维尔页岩气的配产要求。

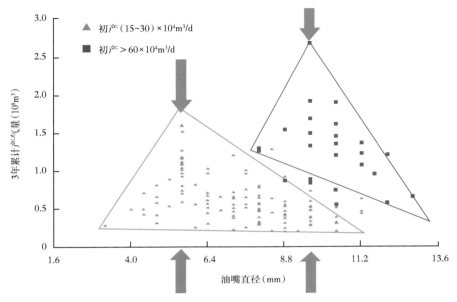

图 7-3 海耶斯维尔页岩气井油嘴选择方法

表 7-3 昭通地区井口压力控制原则

井口压力（MPa）	井口压降幅度	其他特殊要求
>20	≤0.6（MPa/d）	
15~20	≤0.4（MPa/d）	出砂井瞬时流量超过配产的 20% 时，
10~15	≤0.2（MPa/d）	必须 30min 内发现，1h 内调到配产
<10	≤0.5（MPa/mon）	

通过统计，如图 7-4 所示，这批投产井均初始产量为 $8×10^4 m^3/d$，分布在 $(5~10)×10^4 m^3$ 的气井占比 50%，首年平均井均日产量为 $6.13×10^4 m^3$，产量高于 $10×10^4 m^3/d$ 的气井仅占 11%，基本满足配产要求，说明昭通地区初期投产井配产基本合理。

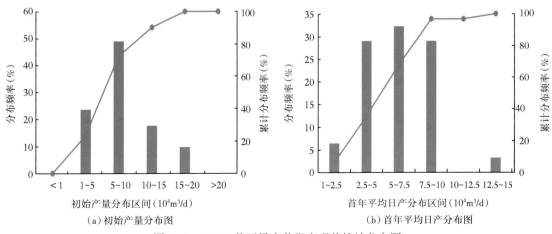

（a）初始产量分布图   （b）首年平均日产分布图

图 7-4 YS108 井区投产井配产现状统计分布图

第二节 压降制度对生产影响分析

气井产能主控因素包括储层品质（RQ）、完井品质（CQ）及生产制度。相比长宁和威远区块，YS108 井区 43 口气井普遍采用控压生产制度，可有效控制产量递减率（图 7-5）。

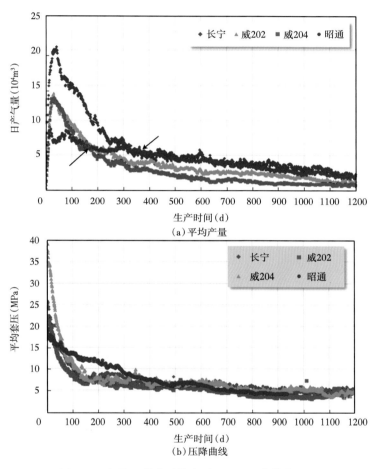

图 7-5 各井区单井平均产量（a）及压降曲线（b）

由于采用控压限产的生产方式，昭通示范区页岩气井初期压降速率相对低得多。初始套压 20MPa，首月降幅 17%，平均压降速率 0.109MPa/d；6 个月降幅 42%，平均压降速率 0.023MPa/d；年递减率分别为 37%、31%、27%、24%、21%（图 7-6）。

为了凸显生产制度对气井产能的影响，本节选取同一平台内地质特征及工程参数相近的气井进行分析。

YS108H1-1 井、YS108H1-3 井和 YS108H1-5 井位于同一平台相同半支（图 7-7）。三口井压降曲线基本一致，使用线性流流态分析方法对生产数据进行处理分析，结果表明三

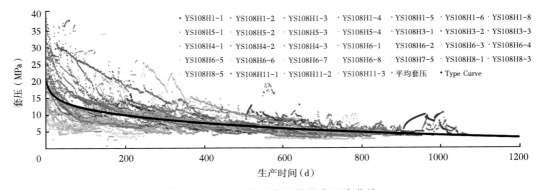

图 7-6　YS108 井区典型单井套压降曲线

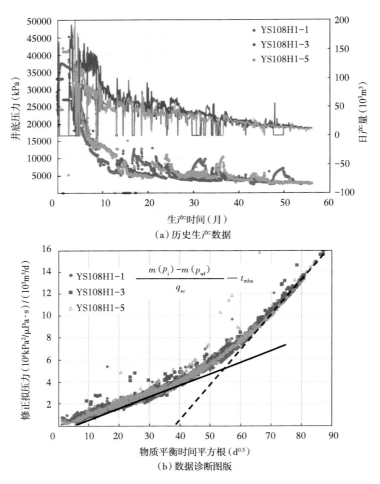

（a）历史生产数据

（b）数据诊断图版

图 7-7　YS108 井区典型单井套压降曲线

口井对应的规整化动态分析图版基本一致，即气井产能指数/生产动态相似，初步证明生产制度对气井生产动态的控制作用。

选取YS108H3-1井、YS108H3-3井和YS108H3-5井三口井进行对比分析。气井的地质工程条件近似时，页岩气井产能指数和生产动态主要受控于气井压降制度。图7-8表明，采用激进型压降管理的井（YS108H3-1井），其 $A\sqrt{k}$ 值均较低（对应斜率较大），导致产能指数下降；采用保守型（YS108H3-3井）对应的产能指数较大。

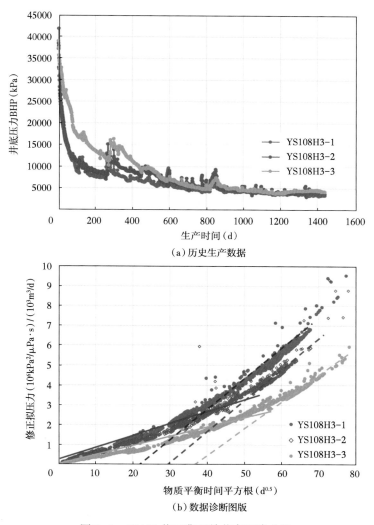

（a）历史生产数据

（b）数据诊断图版

图7-8　YS108井区典型单井套压降曲线

使用流动物质平衡图（FMB），对拟边界控制流动（PBDF）下的接触孔隙体积进行预估（图7-9）。图7-9中的虚线视为SRV体积（储层改造体积）的指标，实线可以视为超出改造区域的标志，这两个区域之间存在渗透率的差异。采用激进型压降管理的井（YS108H3-1井），产能低于保守型井（YS108H3-3井），因此导致更低的 EUR 及 EUR_{SRV}。压降速率较大引起连通裂缝网络受损，表现为导流能力的降低或裂缝半长的减小（对应图7-9中较大的线性特征段斜率）。

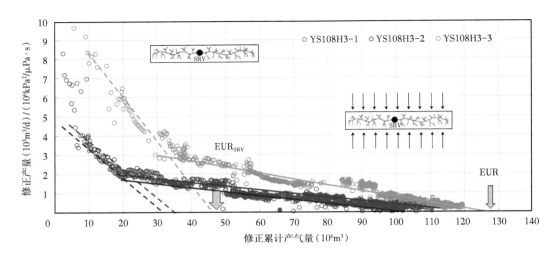

图7-9　体积估算所用的流动物质平衡图

第三节　应力敏感性裂缝产能模型

随着气藏开发地层压力下降，导致页岩储层有效地应力的增加，人工裂缝的导流能力会显著降低。不同于常规致密气藏，页岩气井的导流能力几乎全部来自水力压裂后形成的裂缝系统，泄气范围与水力压裂改造范围基本相同，未改造的储层基质渗流能力无法对生产做出有效贡献，这样未改造区域地层压力在生产过程中基本保持不变，应力变化可以忽略不计。在研究过程中，将重点关注水力压裂改造形成的各种人工裂缝区域的应力敏感性是如何影响生产的。

一、裂缝应力敏感性

本章主要将流动过程分为地层流动系统和裂缝流动系统两大系统。裂缝内充填了大量的支撑剂等，在生产过程中由于气体被不断采出，裂缝通道被不断压实，支撑剂被不断地溶解、嵌入、压碎等，导致裂缝导流能力不断降低（图7-10）。

从表7-4的实验数据和图7-11、图7-12的曲线看，随着有效应力的增大，岩心的有效渗透率在早期急剧降低，当有效应力增至20MPa时，有效渗透率只剩下初始状态时的2.95%；有效应力大于20MPa之后，有效渗透率趋于平稳。应用实验数据对龙马溪组页岩储层的应力敏感系数进行了求算，其平均值为0.130MPa^{-1}，该值较致密砂岩储层要高出一个数量级；将岩心归位到地层条件，即有效应力从20MPa增至50MPa时，渗透率损失率在90%以上。由此可以看出，龙马溪组页岩储层具有强应力敏感性特征。

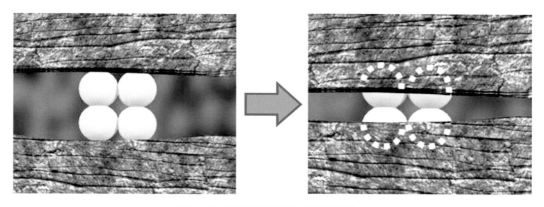

图 7-10 裂缝流动通道应力敏感效应

表 7-4 四川龙马溪组露头岩心压裂液浸泡后的应力敏感实验数据

有效压力 (MPa)	K/K_0			平均值		
	QL2-19 ($K_0 = 2.36 \times 10^{-4}$ D)	QL2-24 ($K_0 = 2.33 \times 10^{-4}$ D)	QL2-25 ($K_0 = 2.09 \times 10^{-4}$ D)	K/K_0	$\ln(K/K_0)$	ϕ/ϕ_0
3	1.000	1.000	1.000	1.000	0	1.000
5	0.590	0.831	0.785	0.735	−0.303	0.984
7	0.313	0.557	0.371	0.413	−0.882	0.951
10	0.174	0.250	0.200	0.208	−1.568	0.925
15	0.070	0.073	0.078	0.074	−2.603	0.873
20	0.029	0.029	0.037	0.032	−3.435	0.838
30	0.011	0.011	0.012	0.011	−4.456	0.783
40	0.004	0.004	0.004	0.004	−5.436	0.741
50	0.002	0.002	0.002	0.002	−5.942	0.717

通过数据回归获得了龙马溪组页岩储层的孔渗关系式:

$$K = K_0(\phi/\phi_0)^{17.961} \tag{7-1}$$

从式(7-1)可以看出,龙马溪组页岩孔渗幂指数为 17.961,根据前文的理论分析可知,龙马溪组页岩储层的微裂缝尺度远大于基质孔隙尺度,微裂缝是主要的渗流通道。

通过应力敏感实验表明,岩心渗透率与有效应力间存在如下关系式:

$$K(\sigma_{\mathrm{eff}}) = A\exp[-\gamma(\sigma_{\mathrm{eff}})] \tag{7-2}$$

和

$$\frac{K(p)}{K(p_i)} = \exp\left[-\alpha\left(1 - \frac{1-2\upsilon}{1-\upsilon}\right)\Delta p \times \gamma(\Delta p)\right] \tag{7-3}$$

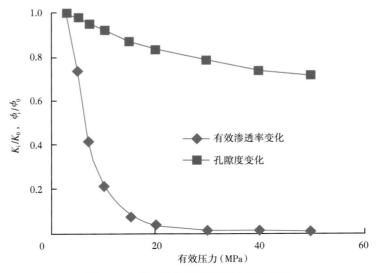

图 7-11 岩心物性随有效应力变化曲线

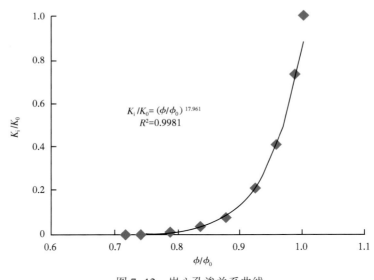

图 7-12 岩心孔渗关系曲线

式中　γ——页岩渗透率应力敏感系数；

　　　K——渗透率，D；

　　　σ_{eff}——有效应力，Pa；

　　　p——流体压力或称孔隙压力，Pa；

　　　α——Biot 系数；

　　　υ——泊松比。

　　其中关键参数 γ 在软地层中是关于有效应力 σ_{eff} 的函数，当岩心硬度较高时 γ 为常量。

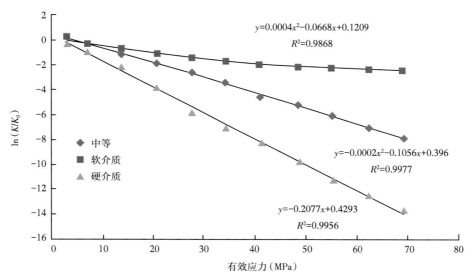

图7-13 不同地层硬度下应力敏感实验分析图

二、产能模型及产能指标

引入无量纲产能指数用以表征气井产能水平，具体定义关系式如下：

$$J_{\mathrm{D}} = \frac{\mu_{\mathrm{gi}} B_{\mathrm{gi}}}{2\pi K_{\mathrm{m}} h} \frac{Q}{m(p_{\mathrm{i}}) - m(p_{\mathrm{w}})} = \left(\frac{1}{2} \ln \frac{4A}{e^{\gamma} C_{\mathrm{A}} r_{\mathrm{we}}^2} \right)^{-1} \tag{7-4}$$

式中 r_{we}——有效井筒半径，水平井、压裂井、压裂水平井等对应着等效半径。

根据公式可知无量纲产能指数是关于压裂和地层参数的函数。

根据岩心实验和裂缝导流能力实验结果可知，裂缝导流能力随着压力降低而不断减小，当降低到一定程度时裂缝将保持恒定值不变，即 C_{fDmin}。如图7-14所示，数学表达式

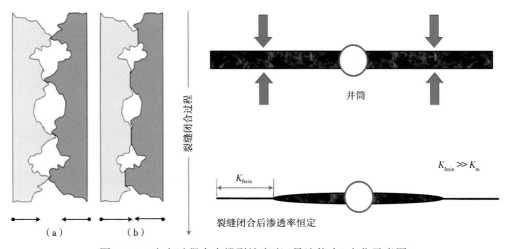

图7-14 生产过程中支撑裂缝宽度（导流能力）变化示意图

满足：

$$\frac{C_{\mathrm{fD}}(p_{\mathrm{fD}})}{C_{\mathrm{fDi}}(x_{\mathrm{D}})} = \left(1 - \frac{C_{\mathrm{fDmin}}(x_{\mathrm{D}})}{C_{\mathrm{fDi}}(x_{\mathrm{D}})}\right) \cdot \exp\left[-\gamma_{\mathrm{fD}}(x_{\mathrm{D}}) \cdot p_{\mathrm{fD}}\right] + \frac{C_{\mathrm{fDmin}}(x_{\mathrm{D}})}{C_{\mathrm{fDi}}(x_{\mathrm{D}})} \tag{7-5}$$

应力敏感曲线带入产能评价模型：根据有效应力—孔隙压力转换关系，将裂缝导流—有效应力曲线转换为裂缝导流—压力曲线，带入产能模型进行计算。为了方便使用以压力为计算值的产能模拟器，根据 Zoback 于 2001 年提出的公式，首先将应力变化转化为压力变化：

$$\Delta S_{\mathrm{h}} = \alpha \frac{1 - 2\upsilon}{1 - \upsilon} \Delta p \tag{7-6}$$

应力敏感曲线中的最小残余导流能力，应根据压降过程中的最大有效应力确定：假设裂缝为塑性形变，最大有效应力对应的导流能力值记为阈值。

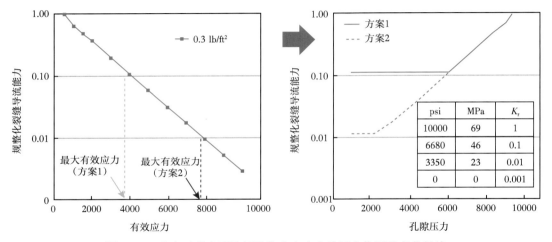

图7-15　生产过程中裂缝导流能力在应力及压力作用的变化规律

图 7-16 模拟了不同应力敏感程度对气井拟稳态产能指数的影响。存在应力敏感效应时气井产能将显著降低。从图 7-16（a）看出，随着导流能力的增加，应力敏感效应影响逐渐降低，当达到无限导流水平时应力敏感效应基本消失。但应力敏感程度直接影响气井产能水平的增长幅度，表现为当 γ_{fD} 值较大时，气井产能指数增长速度较为缓慢。

在图 7-16（b）中，随着无量纲应力敏感参数 γ_{fD} 值增加，气井无量纲产能指数不断减小，直到降低到最小 C_{fDmin} 对应的产能指数。例如在 $C_{\mathrm{fD}} = 1$ 的情况，当 $\gamma_{\mathrm{fD}} > 1.2$ 时气井产能指数降低到最低值 J_{Dmin}，在 $C_{\mathrm{fD}} = 10$ 的情况，当 $\gamma_{\mathrm{fD}} > 2.7$ 时气井产能指数降低到最低值 J_{Dmin}，因此无量纲导流能力越大，达到最低产能指数 J_{Dmin} 对应的 C_{fD} 值越大。

将应力敏感曲线带入不稳定产能模型中，模拟结果显示：当不存在应力敏感效应时，产能指数与气井生产压差无关，即所有产能指数曲线将归为一条递减曲线，而递减规律与气井目前所处的流动状态有关。弱应力敏感条件下［图 7-17（c）］早期产能指数曲线不归

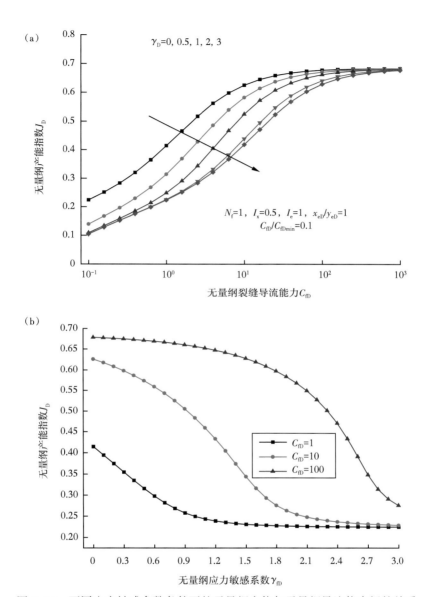

图 7-16　不同应力敏感参数条件下的无量纲产能与无量纲导流能力间的关系

一，表现为生产压差越大，产能指数越小，说明应力敏感效应能够损害气井产能指数；随着时间增加曲线逐渐归一，说明应力敏感效应对产能指数影响减弱。强应力敏感条件下 [图 7-17（d）] 递减规律基本与弱应力敏感情况一致。但需要说明的是，在生产晚期，生产压差越大，产能指数越大，这与前期生产历史对后期影响有关。从生产效果上看，应力敏感性对早期产能指数影响显著，应力敏感强度越大，影响越大，因此控压生产制度应该尽早实施，确保裂缝从伊始即保持较好的导流能力，防止裂缝发生塑性破坏后再进行控压而难以恢复导流能力的现象发生。

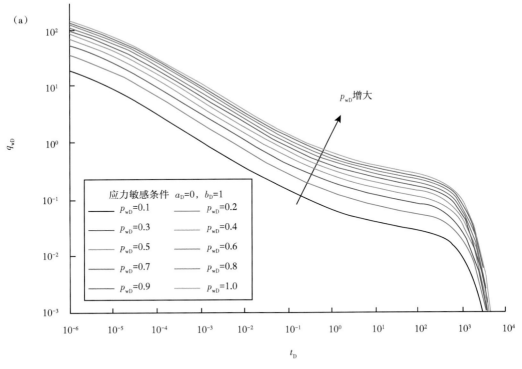

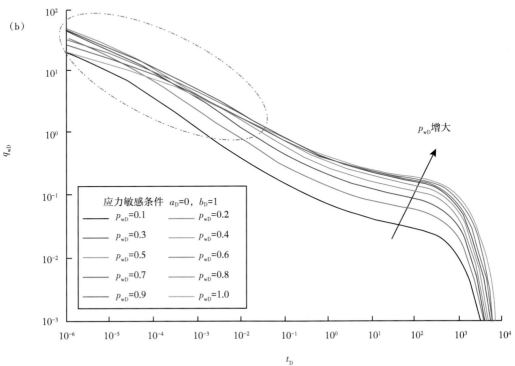

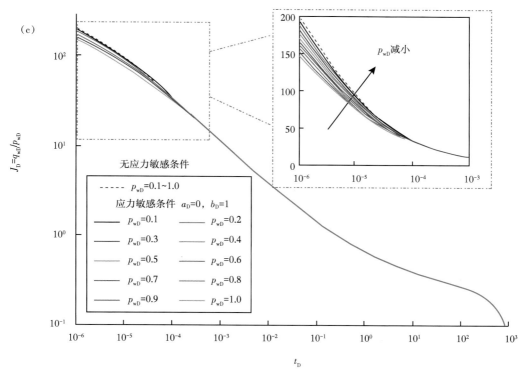

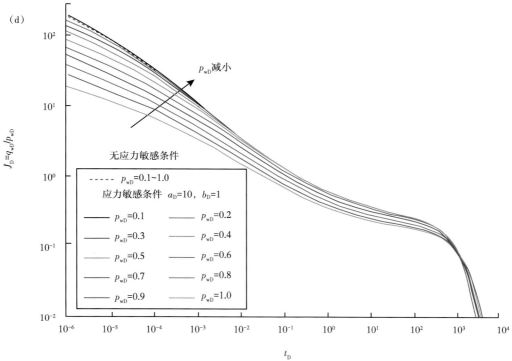

图 7-17　井底生产压力对气井产量影响

图 7-18 显示了 1 年时对应的气藏压力分布模拟。不存在应力敏感系数时（$d_f = 0$），人工裂缝保持原有导流能力，只动用裂缝覆盖区域（SRV）内的地质储量；随着应力敏感性增强，人工裂缝导流能力发生越来越大幅度的减弱，这导致会消耗更多的地层能量，表现为更大范围内的气体需要动用。

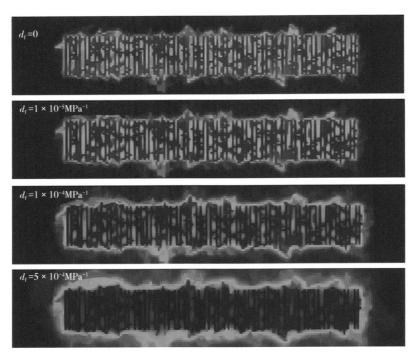

图 7-18　不同应力敏感曲线下的数值模拟结果（1 年）

第四节　生产制度化

通过对典型平台典型生产井进行全面分析后，根据历史拟合获得的产能模型，建立起能够反映真实水力裂缝作用的单井生产动态模型，预测不同配产制度下单井生产动态。

基于标定过的动态模型可以展开研究，比较不同定产制度下在不同生产时间内的累计产气量变化，进而定量化描述出应力敏感造成水力裂缝闭合失效对产能的具体影响。而页岩气井生产过程中涉及多种渗流机理和作用机制，这些机理中机制又相互耦合在一起无法严格区分各自对产量的贡献，比如增大生产压差有助于基质—裂缝渗流和增强页岩解吸附从而提高产量，但另一方面又会触发应力敏感引起裂缝闭合，降低了有效渗透率引起产量降低，那么究竟何种因素占据上风通过传统的割裂研究尚无从准确判断。通过建立应力敏感性裂缝产能评价模型，优势在于能够把各种复杂关联的因素模型化数值化，通过量化手段综合考虑各种机理最终对生产的整体影响，使精确的生产制度优化成为可能。

一、最优技术生产制度

1. 优化方法

图 7-19 模拟了应力敏感条件下气井瞬时 IPR 曲线，需要指出的是，该模拟采用了常规的常应力敏感系数。图 7-19（a）显示生产压差与产量只有在生产压差较小范围内呈现线性关系，随着生产压差进一步增加，产量增长速率较线性关系变缓。图 7-19（b）给出了相应的产能指数变化情况，在某一特定时刻，产能指数随着生产压差增加而衰减，直到裂缝导流能力衰减到残余导流能力。时间越短，产能指数递减幅度越大，也说明了尽早采用控压生产方式的现实意义。

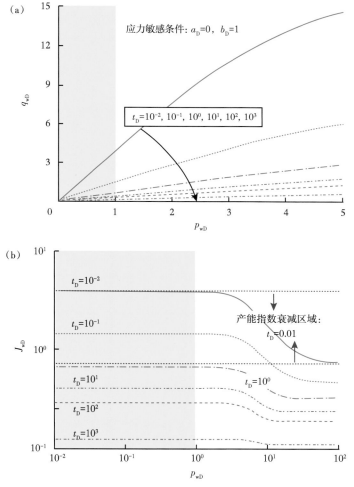

图 7-19　常应力敏感系数下气井瞬时 IPR 曲线

图 7-20 模拟了变应力敏感系数下的气井瞬时 IPR 曲线。裂缝应力敏感系数采用第三章实验方法获得。随着生产压差增加，气井产量不断增加，但当生产压差达到一定值时，

气井产量开始降低；当裂缝导流能力不再衰减（即达到最低残余值 $C_{fD,p(t)} = C_{fDmin}$），进一步增加生产压差通过提高生产驱动力才能再次增加气井产量。需要强调的是在 $0 < p_{wD} < 1$ 的有效区间内，每一个特定时刻都存在一个最优生产压差，即气井产能达到最高值，这个生产压差定义为该时刻下的最优生产压差。

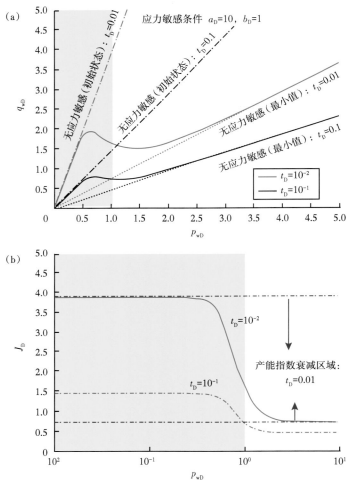

图 7-20　变应力敏感系数下气井瞬时 IPR 曲线

从图 7-20 中可以看出，本研究获得的 IPR 曲线与常规曲线不同，存在极值点。早期阶段随着井底流压的降低，气井产量逐渐上升，该阶段井底压力与气井产量基本呈线性关系；随着井底压力进一步降低，日产量增加幅度变缓，但是当井底流压降低到某一个值后气井产量转而开始下降，这是因为在井底流压变化的过程中储层的应力敏感程度也在变化。当井底流压降低到一定程度时，储层应力敏感程度将随着井底流压的降低而升高，呈现出气井产量随着井底流压的降低而下降的趋势。将在不同时刻对应的 IPR 曲线上的导数为零点连接起来，可以获得最佳井底流压或产量与时间的对应关系，即最优生产制度。

图 7-21 模拟了不同应力敏感强度下的最优生产制度。图 7-21（a）说明在某一特定时刻，应力敏感强度越大时，对应的最优生产压差越小，即需要采用保守的控压制度，同时图 7-21（b）说明强应力敏感气井需要采用更长的控压周期，应力敏感强度越大，控压越需要谨慎。这与 Haynesville 和昭通地区的开发实践认识过程一致，均是采用逐级放大油嘴的方式实现生产优化。

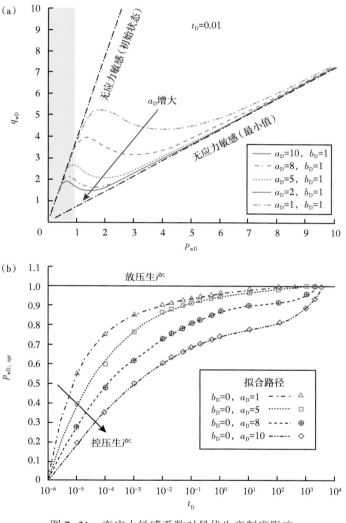

图 7-21　变应力敏感系数对最优生产制度影响

完整的生产制度优化流程如图 7-22 所示。这里需要使用流固全耦合模型，借助成熟的仿真模拟软件同时模拟应力场—压力场变化的全耦合模型。根据物理实验获得裂缝应力敏感曲线，即导流能力与有效应力之间的关系，将其带入耦合模型，进而将导流能力—有效应力关系等效转换为导流能力—压力关系。将获得的等效模型带入半解析模型，获得气井瞬时 IPR 曲线，通过导数零点算法获得最优生产路径。

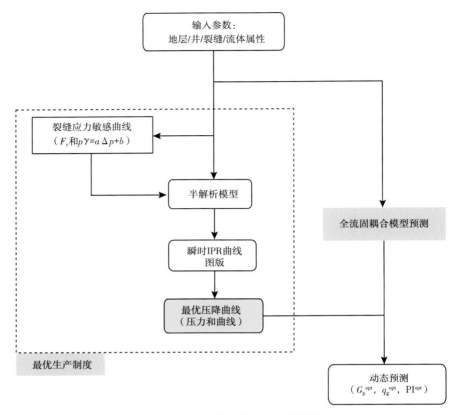

图 7-22　生产制度优化全流程说明

根据图 7-22 给出的优化流程，本算例以昭通地区 YS108H3-1 井为例说明具体实施过程。根据第三章页岩应力敏感实验方法获得应力敏感参数，基于第三章地质研究获得基础地质参数，利用给出的拟合方法获得基本的动态数据，相关参数总结在表 7-5 中。

表 7-5　基础参数数据表

参数	值	参数	值	参数	值
原始地层压力 p_i（MPa）	42	地层孔隙度 ϕ_m	0.07	Biot 系数 α	1
水平段长 L_e（m）	1174	开发井距 y_e（m）	347	泊松比 υ	0.25
裂缝长度 x_f（m）	137	压缩系数 C_t（MPa^{-1}）	1.25×10^{-5}	p_L（MPa）	3.3
地层渗透率 K_m（mD）	2.11×10^{-5}	裂缝渗透率 $K_{f,i}$（mD）	100	V_L（m^3/t）	1.82
地层厚度 h（m）	25	裂缝宽度 w_f（m）	0.0005	裂缝条数	48

如图 7-22 所示的优化流程，进一步地可以获得考虑应力敏感效应的气井瞬时 IPR 图版。图 7-23（a）显示了第 1 年到第 6 年每年对应的气井产量和井底压力响应关系，曲线中存在产量关于压力的导数为零点，可以通过将不同时刻下的零点导数对应的井底压力进

行连接获得最优生产制度。图 7-23(b)中的优化路径 2 代表了 YS108H3-1 井的最优生产制度，本发明选取了优化路径 1(放压生产)和优化路径 3(不合理控压生产)作为对比。图 7-23(b)显示了三种工作制度下井底压力剖面曲线，作为气井实际生产管理的依据，为了便于操作，对连续曲线做离散化处理。

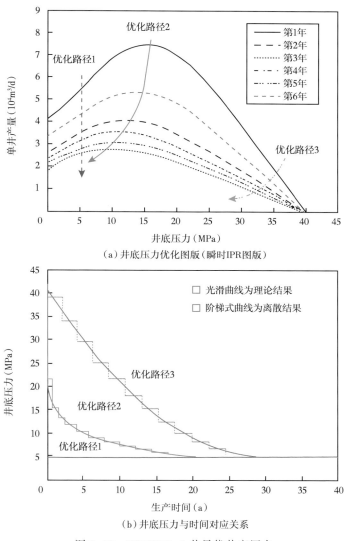

(a) 井底压力优化图版(瞬时IPR图版)

(b) 井底压力与时间对应关系

图 7-23　YS108H3-1 井最优井底压力

　　将图 7-23(b)中给出的三种工作制度与半解析模型进行结合，获得不同生产制度下的气井生产动态模拟结果。在生产早期，放压生产方案能够获得较高的累计产量；进入生产中后期以后，采用最优生产制度的生产方案，气井能够获得较高的累计产量，随着生产时间的增加，最优生产制度对气井累计产量的提高作用越来越显著。作为对比，采用不合理的控压生产制度(生产制度 3)下的气井累计产量要低于放压生产方案和最优工作制度生产方案，说明采用不当的控压方案可能导致气井生产效果低于放压生产方案。图 7-24 模拟了该井在最优制度（制度 2）和不合理工作制度（制度 3）下的全生产周期内的井底压力、气井产量及累计产量的变化规律，证明了分析结果的可靠性。

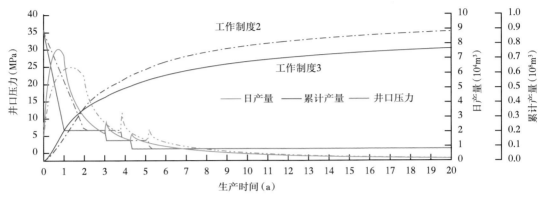

图 7-24　不同生产制度下的气井累计产量预测结果

2. 优化流程

使用单位压降采气法进一步体现生产制度对气井生产/产能动态的影响。如理论认识一致，在整个正产周期内控压生产井生产动态优于放压生产井。如图 7-25 所示，前三个月，控压井单位压降采气量约为 $1.52 \times 10^4 \mathrm{m}^3/\mathrm{MPa}$，高于放压井对应的单位压降采气量（$1.22 \times 10^4 \mathrm{m}^3/\mathrm{MPa}$），比值约为 1.33，生产效果上的差异主要归咎于气井生产制度的影响。

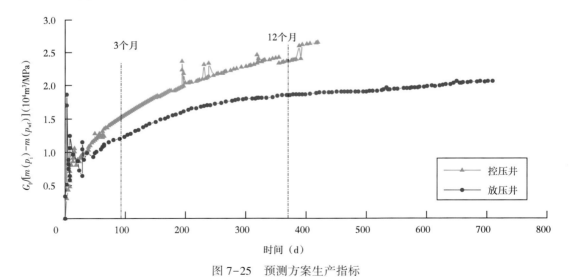

图 7-25　预测方案生产指标

基于提供的基础模型参数，建立半解析模型预测气井生产动态。原始地层压力为 38MPa，最终稳定井底压力为 5MPa，应力敏感特征参数 $a = 0.1108\mathrm{MPa}^{-1}$，$b = 0.00167\mathrm{MPa}^{-1}$，带入模型对生产数据进行历史拟合并预测气井产能，预测结果如图 7-26 所示。通过历史拟合确定以下参数：裂缝原始导流能力为 36mD·m、裂缝有效半长为 90m，地层孔隙度为 8%，地层平均渗透率为 0.00018mD。

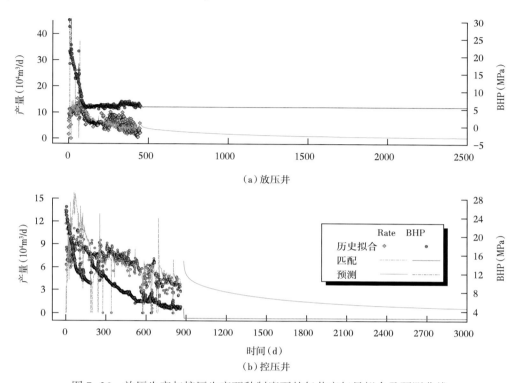

（a）放压井

（b）控压井

图 7-26　放压生产与控压生产两种制度下的气井产气量拟合及预测曲线

基于不同生产制度的单井产能预测结果如图 7-27 所示。形成了类似于流固耦合模型的生产动态，对于放压生产制度，早期累计产量较高，晚期累计产量较低。存在转换时期，在转换时期之前，放压生产制度更具优势。设定 20 年累计产量为单井最终可采储量（EUR）。放压生产制度累计产量为 $6610 \times 10^4 m^3$，控压生产制度累计产量为 $8360 \times 10^4 m^3$，通过控压生产单井 EUR 提高 25%。

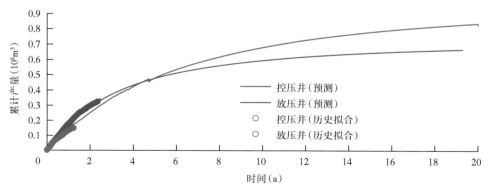

图 7-27　放压生产与控压生产两种制度下的气井累计产量拟合及预测曲线

按照上述工作流程，制定具体的瞬时 IPR 图版，从而优化出井底压力与时间的对应关系。图7-28（b）考虑了前期生产时间对 IPR 曲线的影响，提供了实际的瞬时 IPR 曲线。将最优生产制度带入生产动态预测模型。作为对比，设定放压生产例子（$p_{wf}=2.5MPa$）。

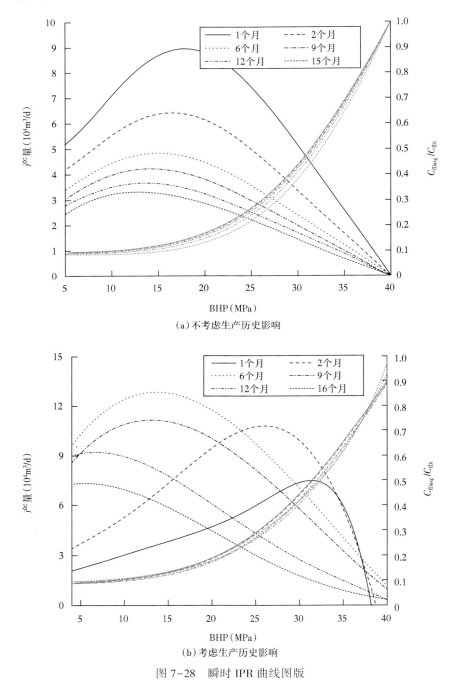

（a）不考虑生产历史影响

（b）考虑生产历史影响

图7-28　瞬时 IPR 曲线图版

图 7-29 预测了历史控压井和历史放压井的生产动态，在预测期内历史控压井采用放压生产制度，历史放压井采用最优（控压）生产制度。尽管历史放压井在生产早期（1~447天）未进行控压，但在 447 天之后采用最优控压生产制度，当压力降低到 2.5MPa 之后转换为定压生产。作为对比，历史控压井在预测期内采用放压生产制度（2.5MPa）。

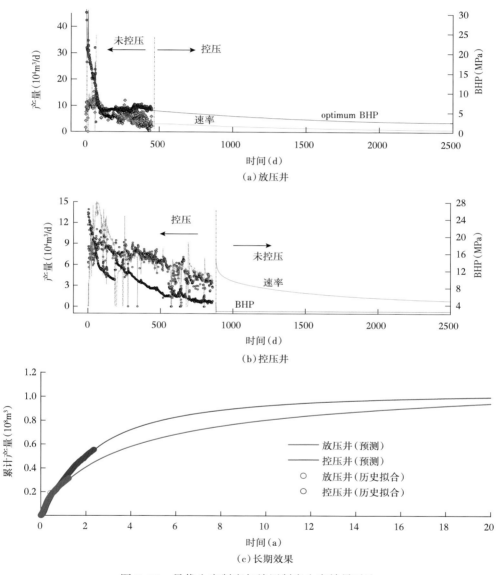

图 7-29　最优生产制度与放压制度生产效果对比

EUR 计算结果汇总见表 7-6。历史控压井累计产量从 $8360 \times 10^4 m^3$ 提升至 $10010 \times 10^3 m^3$，但是历史放压井通过生产制度优化单井 EUR 从 $6610 \times 10^3 m^3$ 提升至 $9490 \times 10^3 m^3$，提升幅度较高。历史控压井的单井 EUR 提升幅度被后期的放压生产制度部分抵消。

表 7-6 生产制度优化前后 EUR 对比表

井名	历史生产时期	未优化（放压）		优化（控压）	
		预测期	EUR（$10^8 m^3$）	预测期	EUR（$10^8 m^3$）
历史放压井	放压	稳定压力（$p_{wf} = 5MPa$）	0.661	最优压降（稳定 BHP = 2.5MPa）	0.949
历史控压井	控压	稳定压力（$p_{wf} = 5MPa$）	0.836	稳定压力（$p_{wf} = 2.5MPa$）	1.001

二、最优经济生产制度

基于历史拟合模型的基础上，建立典型的地质、工程参数下的单井模型，进行生产制度优化。采用"线性压降—配产"相结合方法预测气井产能，结合经济评价模型，优选最佳压降路径。

1. 配产优化

设置不同的配产方案（包括 $3 \times 10^4 m^3/d$、$4 \times 10^4 m^3/d$、$5 \times 10^4 m^3/d$、$10 \times 10^4 m^3/d$、$15 \times 10^4 m^3/d$、$20 \times 10^4 m^3/d$）对比预测 20 年累计产气情况，通过模拟发现配产 $3 \times 10^4 m^3$ 累计产气量最高为 $1.19 \times 10^8 m^3$，配产 $20 \times 10^4 m^3$ 累计产气量最低为 $0.724 \times 10^8 m^3$（图 7-30、表 7-7）。高速生产可以在初期获得高产，但缝内压力下降快，裂缝导流能力失效快，后期产量低，长期累计产量低；控产生产可以获得较长的稳产期，裂缝导流能力有效期长，从长期生产的角度来看可以获得更高的累计产量。

表 7-7 不同配产方案生产情况

生产时间	累计产气量（$10^8 m^3$）					
	$20 \times 10^4 m^3/d$	$15 \times 10^4 m^3/d$	$10 \times 10^4 m^3/d$	$5 \times 10^4 m^3/d$	$4 \times 10^4 m^3/d$	$3 \times 10^4 m^3/d$
6 个月	0.180	0.192	0.199	0.107	0.085	0.064
1 年	0.237	0.255	0.277	0.183	0.146	0.110
2 年	0.327	0.353	0.393	0.365	0.292	0.219
5 年	0.470	0.506	0.564	0.638	0.685	0.548
10 年	0.593	0.635	0.701	0.800	0.892	0.973
15 年	0.668	0.713	0.783	0.889	0.989	1.116
20 年	0.724	0.770	0.841	0.951	1.056	1.199

裂缝有效期随着控产产量的增加而降低，但是如果控产产量过低，虽然时间越长获得的累计产量越高，但却未必是最具有经济效益的生产方式，有必要对不同生产制度进行经济评价。

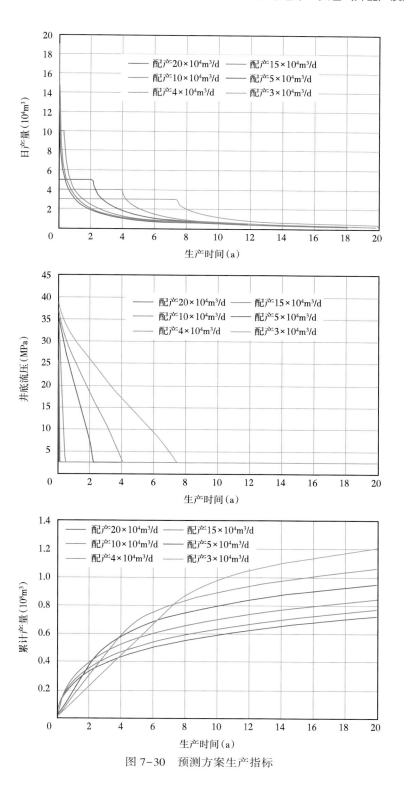

图 7-30　预测方案生产指标

经济评价参数：

(1) 建井成本：5300 万元；

(2) 页岩气气田出厂价：1.275 元/10^3m^3；

(3) 项目内部收益率或折现率：8%；

(4) 平均单位操作成本（包括材料费、燃料费、动力费、天然气处理费、运输费、管理费、井下作业费、测井试井费、人工费等）：200 元/10^3m^3。

通过经济评价不同配产方案（表 7-8），初期配产 $(3\sim5)\times10^4m^3/d$ 时经济效益最高，配产 $4\times10^4m^3/d$ 下模拟预测 20 年净现值最高 3409 万。对比累计产气量，经济优化结果表明，并不是配产越低、经济效益越高，但最优配产值不高于 $5\times10^4m^3/d$，也说明控压生产经济效益整体高于放压生产 $[(15\sim20)\times10^4m^3/d]$。

表 7-8　不同配产方案经济评价数据表

生产时间	净现值（千万元）					
	$20\times10^4m^3/d$	$15\times10^4m^3/d$	$10\times10^4m^3/d$	$5\times10^4m^3/d$	$4\times10^4m^3/d$	$3\times10^4m^3/d$
1 年	-2055.80	-1848.93	-1589.47	-2683.21	-3142.31	-3562.83
2 年	-1107.16	-815.10	-371.91	-758.84	-1664.40	-2489.04
5 年	166.88	548.80	1155.95	1689.54	1664.33	181.31
10 年	917.66	1336.25	1997.94	2692.33	2906.23	2645.40
15 年	1203.45	1631.89	2306.00	3027.51	3259.82	3152.09
20 年	1332.92	1764.91	2443.23	3173.14	3409.74	3334.11

2. 压降速率优化

配产方法通过设定固定气井产量控制生产，当达到输压时转为定压生产。配产期根据达到输压所用时确定。采用线性压力递减曲线作为压降制度，通过固定压降速度或控压期，预测单井生产动态。

设置不同的压降速度方案（包括 0.063MPa/d、0.083MPa/d、0.125MPa/d、0.0250MPa/d、0.625MPa/d、1.250MPa/d）对比预测 20 年累计产气情况，通过模拟发现压降速率 0.063MPa/d 时的累计产气量最高（$0.993\times10^8m^3$），压降速率 1.250MPa/d 时的累计产气量最低（$0.774\times10^8m^3$），预测结果如图 7-31 所示。

从表 7-9 至表 7-10 可以看出，控压生产能够获得更高的长期累计产量，压降速度越小、短期累计产量越低、长期累计产量越高。根据气井生产制度优化结果，压降速度为 0.083~0.125MPa/d 时的经济效益最高，可以使财务效益在提速生产和 EUR 损失之间达到很好的平衡，其中 0.83MPa/d 的经济效益最高 3178 万元。

因此，压力递减并不是唯一要考虑的因素，时间也同等重要。通过研究两种典型制度，发现了一个"操作窗口"，如果超出这一"窗口"，压降路径的调整便不会再对产量和压力下降产生实质性影响。

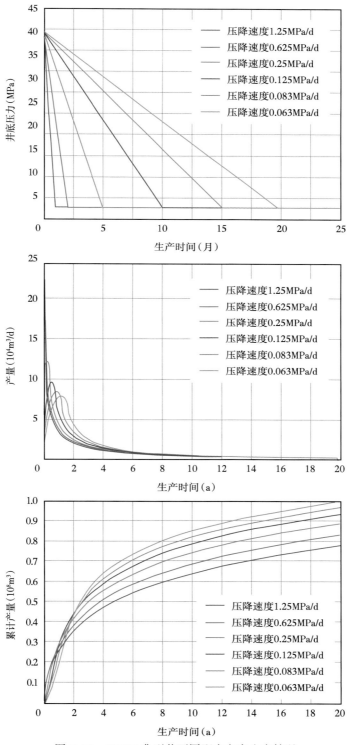

图 7-31　YS108 典型井不同配产方案生产情况

表 7-9　YS108 典型井不同配产方案生产统计表

生产时间	累计产气量（$10^8 m^3$）					
	1.25MPa/d	0.625MPa/d	0.25MPa/d	0.125MPa/d	0.083MPa/d	0.063MPa/d
1 年	0.258	0.278	0.294	0.290	0.248	0.199
2 年	0.357	0.386	0.417	0.438	0.445	0.443
5 年	0.510	0.551	0.598	0.637	0.666	0.692
10 年	0.639	0.686	0.739	0.784	0.817	0.847
15 年	0.717	0.767	0.823	0.868	0.903	0.932
20 年	0.774	0.826	0.883	0.929	0.964	0.993

表 7-10　YS108 典型井不同压降方案经济评价结果统计表

生产时间	净现值（千万元）					
	1.25MPa/d	0.625MPa/d	0.25MPa/d	0.125MPa/d	0.083MPa/d	0.063MPa/d
1 年	−2302.24	−2068.83	−1945.01	−2131.04	−2546.23	−2534.83
2 年	−1268.48	−935.526	−610.231	−414.344	−364.364	−357.085
5 年	98.26101	531.3677	1043.361	1533.909	1706.018	1539.935
10 年	887.4337	1359.151	1941.622	2529.572	2688.342	2352.931
15 年	1183.569	1665.53	2267.915	2882.598	3028.498	2627.766
20 年	1316.778	1802.575	2412.985	3038.687	3178.345	2748.765

第五节　可操作性压降优化流程

将最优配产制度对应的压降曲线与最优压降速率下的压降曲线做加权平均，获得最优压降曲线：

$$p_{\text{wf,opt}}(t) = \vartheta \cdot p_{\text{wf,opt1}}(t) + (1-\vartheta) \cdot p_{\text{wf,opt2}}(t) \tag{7-7}$$

需要强调的是，上述结算结果作为最优压降曲线参考曲线。

根据投产井的压降数据，确定压降路径（压力—时间）的保守、激进型两条边界包络线（图 7-31）。其中，无量纲压降指数为原始地层压力与井底压力差值相对于原始地层压力的比值：

$$DD = \frac{p_{\text{i}} - p_{\text{wf}}}{p_{\text{i}}} = 1 - \frac{p_{\text{wf}}}{p_{\text{i}}} \tag{7-8}$$

$DD=100\%$ 意味着完全放压（$p_{wf}=0.1\mathrm{MPa}$）。图 7-32 显示了不同油嘴对气井压降路径的影响，在前 5 个月无量纲压降幅度在 30%~70% 之间，使用界限值设定压降曲线的上限值和下限值。

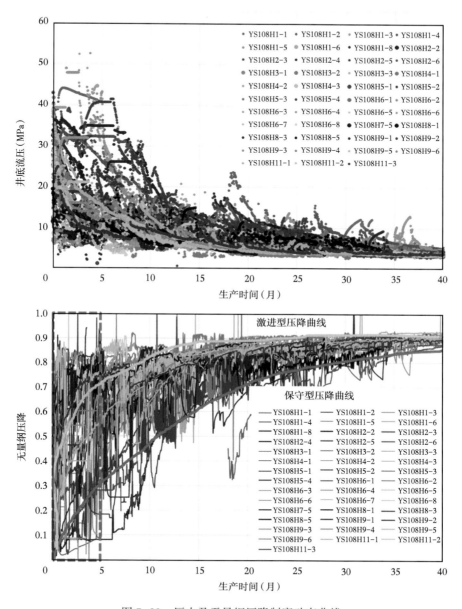

图 7-32　压力及无量纲压降制度动态曲线

为更好地理解加速生产与 EUR 之间权衡，根据边界曲线，对中间情景设定一系列压降曲线进行动态预测+经济评价，根据评价结果提出一种基于"包络线"的压降优化理论图版（图 7-33）。

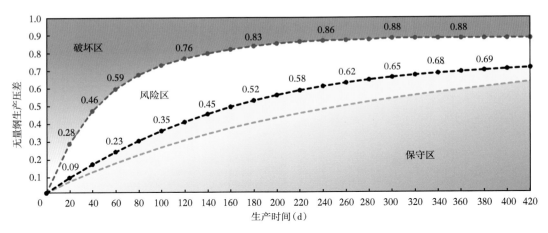

图7-33　YS108井区气井最优压降方案优化图版

图7-32中存在三个区域：

（1）破坏区：激进型压降管理将使价值受到破坏；

（2）风险区：裂缝失效将会对采油量预估产生不利影响；

（3）保守区：裂缝导流能力缓慢降低，单初始产量延迟也容易造成经济效益减少。

为了在气井开采时采取最佳压降管理方式，必须根据需要增加油嘴尺寸以跟随黑线。没有针对油嘴尺寸的调整方案，也没有油嘴必须调整的具体时间，因为压降将根据改造区的具体情况而定。

第八章　页岩气开发实施效果跟踪及评价

本章按照开发管理思路对页岩气开发效果跟踪和评价工作提出明确工作思路，并给出相应的技术建议，以从宏观层面提高开发优化理论的应用程度。

第一节　页岩气开发部署的思路与原则

昭通页岩气"过成熟、强改造、高应力"的地质特征及山地型的地表条件共同决定了其效益开发所面临的巨大挑战。其一，钻完井施工难度大，工程技术要求高；其二，单井综合成本可降空间有限，单井产能指标要求高。因而，效益开发昭通山地页岩气必须在确保开发区块"最甜"的基础上实现单井产量的"高、稳、长"，同时，确保地下优质储量的充分动用和采出。

（1）开发"甜点"区优选。兼顾地质条件与工程施工，重点围绕保存条件、地层压力系数、储层可压性和埋藏深度等因素开展评价。保存条件和地层压力系数反映储层的物质基础，储层可压性保障压裂改造效果，埋藏深度则考验目前的工程技术水平。

（2）开发技术政策制订。在压裂规模与经济效益的双重约束下，联合优化水力压裂裂缝与水平井井距，确保平面上储量的充分共用；在经济效益允许的条件下，择机实施双层立体水平井井网部署，提高纵向上的储量动用率；兼顾高单井 EUR 与高经济回报，制订合理的生产制度，提高已动用储量的采出程度。

（3）开发部署。遵循以下思路：整体评价，整体部署；分步实施，集中建产；产量优先，管网保障；接替稳产，动态调整；由易到难，持续开发。考虑地面条件、地下条件、工厂化作业、"甜点"和产能最大化、储量动用、采收率及经济效益等因素，优化部署 4~6 口井单一倾斜平台和少量 6~8 口井双排对称平台，旨在降低施工难度、减少井下复杂情况、缩短钻井周期。

（4）钻完井施工。以地质工程一体化技术为基础，一体化项目组织管理为保障，通过三维地质建模精细刻画地质"甜点"与工程"甜点"，明确最优钻井井位和靶体层位，运用随钻地质导向技术及时进行地质分析，对钻井可能存在的地质风险进行提示并预警，实时指导工程实施，基于信息反馈迭代更新模型，及时调整施工方案，降低工程风险，确保平滑轨迹及高"甜点"钻遇率。

第二节　页岩气合理开发部署模式

一、宏观选区评价

区块优化以"甜点"为导向，运用三维地震勘探技术和地质建模技术确定"甜点"区块，提出以最终建产为目的的平台化整体井位部署建议，尽量利用已有平台。

页岩气"甜点"分为以 TOC、孔隙度、含气性、压力为主要参数的地质"甜点"和以脆性指数、力学参数、裂缝、层理为主要参数的工程"甜点"。多手段相结合进行储层综合评价，把握纵横向"甜点"空间展布特征：基于岩心分析、测井、地震方法的融合，开展储层属性叠前同步反演，可以较好地识别优质页岩的分布特征。地质"甜点"主要包括构造和储层两方面。构造选择条件为地层相对稳定、挠曲少、地层倾角小、远离断层或曲率突变带，易于钻井追踪，出靶层风险小，利于压裂改造；储层选择孔隙度大、TOC 含量及含气量高，地质和工程各项指标都比较好的地方。

二、平台优化

平台部署+丛式井组模式，充分利用地下和地面两个资源，通过以下手段可最大限度地动用资源：

（1）地面、地下相结合，地面平台的选择应尽可能覆盖优质"甜点"区，确因地面、地下条件限制，可通过平台井数的优化或局部方位微动提高储量动用程度，采用单排、双排和交叉等多种布井方式，全区域整体部署平台；

（2）利用地质工程一体化三维模型，综合考虑地质工程因素，优化设计井距和方位；

（3）在三维地震解释成果基础上，详细论证造斜点、入靶点、井眼轨迹、水平段长等关键参数。

开发参数论证具体包括以下方面：

（1）水平井方位：兼顾压裂效果和安全钻井，选择与最小主应力方向和天然裂缝方向成一定夹角；

（2）水平段长度：综合国内外页岩气水平段长度和数值模拟研究成果，且按照"满足最优产量、满足现有工程技术条件、满足产量与效益的平衡"原则，考虑地形条件、构造特征、实际作业能力、工程风险和经济效益，局部断层限制，黄金坝区块水平段长 1500～2000m，主体可以在 1600m 左右。在太阳地区背斜或浅层地区，由于地质条件复杂和工程实施难度限制，可缩短水平段至 1200m 以下；

（3）水平井靶体位置：通过小层精细划分，综合页岩气储层关键评价参数及试采成果，锁定了最佳靶体位置。按照"满足最优产量、有利于工程实施"的设计原则，综合考虑水力裂缝的纵向覆盖情况，黄金坝地区龙一$_1^3$小层、龙一 1^{1+2} 小层起裂的水力裂缝纵向覆盖效果较大，储层品质（RQ）和完井品质（CQ）优于其他小层。

（4）巷道间距：通过类比法、生产动态论证法、微地震检测法，可大致确定有效裂缝延伸长度，为避免过早发生井间干扰，因此开发初期井距初步确定为400m，后期根据微地震监测与实际生产情况进行适当调整。

三、单井轨迹优化

轨迹优化与控制需做到"三兼顾"：（1）兼顾最小水平主应力方向与构造走向，既获得最大改造体积，又降低水平井井筒A点、B点高差；（2）兼顾优质页岩钻遇率与井眼轨迹平滑度，既获得好的改造效果，又降低施工难度；（3）兼顾缩小靶前距与三维绕障（后"勺子"）井钻井技术水平，逐渐实现优质储层的"零"丢失。

基于上述原则及钻完井的技术要求，制订了山地页岩气地质导向流程（图8-1）。

导向工作思路：入靶阶段——分级建立控制标志层，层层逼近；水平段阶段——明确井斜角与地层倾角关系，时时微调；加强基础研究，通过钻前、钻中及钻后跟踪分析，提高箱体钻遇率及井筒光滑性。具体分以下步骤：

（1）钻前建立导向模型。收集地震、钻井、录井、测井成果资料，掌握前期的地质综合研究，增强对井区地层、构造、含流体性质认识，小层精细对比，明确储层横向上和纵向上的分布特征，提取目标靶体地层倾角，建立三维地质模型；

（2）钻中优化调整。着陆过程就是不断修正模型的过程，不断接近地层构造的真相。其难点在于如何精准预测储层靶体埋深。目前主要解决方法是利用三维地震资料对地层埋深进行宏观预测，为了缩小误差，需要利用邻井速度场校正。然后建立不同尺度测井识别特征，逐级控制入靶；

（3）钻中水平段，采用随钻伽马与元素录井"双"结合，地震逐点引导钻井技术，以动态校正速度场为基础，根据周边已钻井和控制点的约束下，校正速度体，校正误差。实现构造实时、高效更新，进而提高地层倾角（钻进角）预测精度，预警微幅度构造，达到提前调整水平段井轨迹，提高箱体钻遇率，保证井筒光滑性；

（4）同时，还可通过远程决策平台实时监测，通过搭建的一体化专家远程决策系统，以地质工程一体化为手段，应用互联网、大数据技术，让信息技术与勘探开发各环节深度融合，实现远程技术支持，快速决策，创新数字化、精细化管理模式，实现远程辅助决策，提高问题解决的实时性；

（5）钻后迭代更新模型（图8-2）。滚动更新地质模型，有效指导后续水平井地质导向控制，迭代深化认识，优化调整轨迹。

为达到高产井培植目的，一体化产建实施过程中需注重以下要点：（1）钻井设计阶段的一体化，其重点是地质设计与工程设计的结合，同时还要重视钻前、安环评与设计的结合，优化开钻前的各个环节流程，提升产建整体效率；（2）钻井跟踪阶段的一体化，其重点是地震预测与随钻导向的结合，同时还要重视钻后的地质工程一体化分析，用分析成果指导新井部署优化和设计；（3）压裂设计阶段的一体化，地质要全面参与压裂设计，把储层品质、工程品质的综合分析成果应用在压裂设计中，同时注意地质目标与工程实施的结

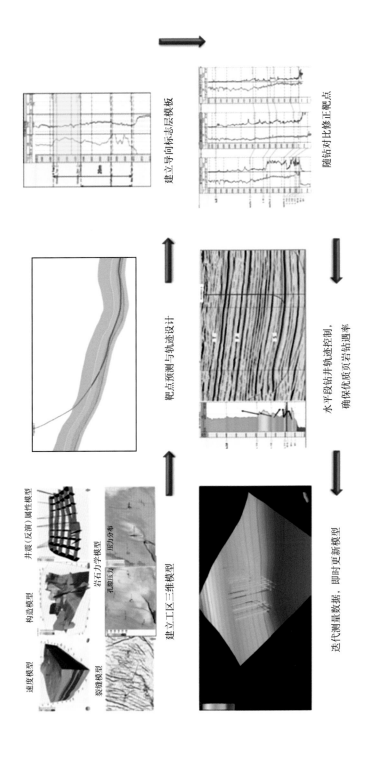

图 8-1　照通页岩气示范开发地质导向流程

合。只有这些环节都做到位了，才能真正实现"以获得效益产量为最终目标"的一体化产建理念。

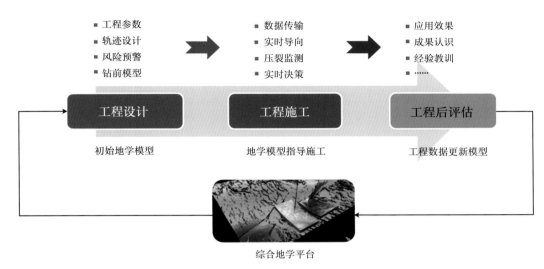

图 8-2 地学模型迭代更新流程

第三节 页岩气开发实施跟踪及评价模式

为了规范页岩气开发动态跟踪工作，保证页岩气生产数据跟踪的及时性和有效性，本项目建立了相对固定的页岩气开发动态跟踪流程与详细的跟踪内容，形成了统一的模式（图 8-3）。针对开发动态跟踪模式，主要是从钻井、压裂、生产三个方面开展跟踪分析，进而评价资源的打开程度、储层的改造程度及气井的生产动态，最终建立开发动态数据库；针对开发评价模式，主要是从单井和区块两个角度，跟踪相应的指标动态，最终建立评价结果数据库。

开发动态数据库的建立，主要包含三方面内容。

（1）钻井数据：钻井是页岩气开发的第一个环节，目的是打开储层，形象地讲，类似于在超致密的页岩储层中修建"高速公路"。钻井数据的跟踪主要是获取气井的动态参数，跟踪的内容包括水平井长度、井筒尺寸及完整性、小层钻遇比例、钻井周期等。

（2）压裂数据：压裂是继钻井之后的又一关键环节，目的是将已经打开的储层进一步打碎，类似于在高速公路的辐射区修建更为复杂的国道、省道及乡村公路网。压裂数据的跟踪主要是获取页岩气体积压裂施工参数，为后期气井动态评价提供裂缝和 SRV 预测的基础信息，跟踪的内容包括压裂段长、压裂段数、簇数、压裂液数据、支撑剂参数、施工排量、微地震监测数据。

（3）生产数据：压裂完井后，气井进入投产阶段，此时，跟踪气井的试气、试井、试采等动态数据，为气井产能评价和生产规律分析提供基础数据。跟踪的内容包括排液数

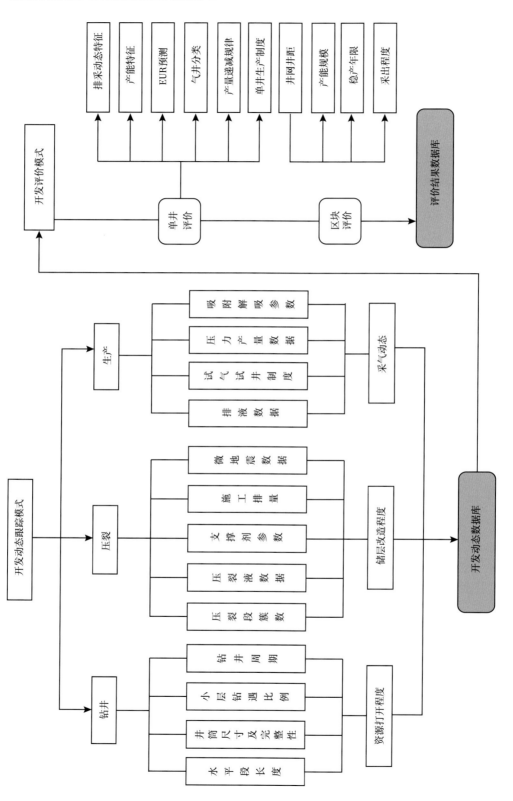

图8-3 页岩气开发动态跟踪模式及开发评价模式

据、试气（试井、试采）数据、压力、产量数据、生产制度、吸附—解吸参数、生产措施调整等。

开发评价结果数据库的建立，主要包含两方面内容。

（1）单井数据跟踪评价。

整体而言，单井开发评价结果数据的跟踪主要围绕 6 个方面开展：

①排采动态特征参数：绘制单井返排—产量的动态关系，单井返排率—测试产量关系图版，单井水气比—时间变化规律图版，套压降速率—时间关系曲线等；

②产能特征参数：计算气井无阻流量，绘制测试产量与地质工程参数关系曲线；

③气井 EUR 预测：根据开井时间，选择对应方法评价 EUR 动态；

④气井分类评价：静动态参数结合分类，确定对比基础；

⑤产量递减规律：按区块、分类型评价典型井递减规律；

⑥单井生产制度的优选：论证气井不同放压或控压参数、不同初期配产量下的生产剖面。

需要注意的是，根据气井生产时间的长短，评价结果跟踪的侧重点有所不同，对于生产时间小于 6 个月的气井，主要跟踪评价气井的排采特征、产能特征，以及地质资料和压裂参数的关系等；对于生产时间大于 12 个月的气井，则重点跟踪评价气井的 EUR、气井分类、产量递减规律及单井生产制度等。

（2）区块数据跟踪评价。

区块数据跟踪评价主要从井网井距、产能规模、稳产年限和采出程度等角度开展。井网井距方面，主要是根据干扰试井、微地震监测、生产动态诊断等资料评价井网井距的合理性；产能规模方面，主要是根据资源基础、建产能力、经济参数等资料论证各区块的合理年产规模；稳产年限方面，主要是根据井网井距和动用区块的面积来确定部署井数，在一定产能规模上确定稳产年限；采出程度方面，主要是根据不同的部署思路和部署规模，论证最终储量的采出程度。

针对先导性试验或早期建产阶段，重点工作是提出优化区块部署所需的动态监测或现场试验内容，如干扰试井、生产方式对比试验、生产测井等；针对建产和早期稳产阶段，工作的重点是跟踪评价井网井距、产能规模，进而预测区块稳产年限和储量采出程度，提出调整建议。

参 考 文 献

［1］赵文智，贾爱林，位云生，等.中国页岩气勘探开发进展及发展展望［J］.中国石油勘探，2020，25（1）：31-44.

［2］王志刚.涪陵页岩气勘探开发重大突破与启示［J］.石油与天然气地质，2015，36（1）：1-6.

［3］王兰生，廖仕孟，陈更生，等.中国页岩气勘探开发面临的问题与对策［J］.天然气工业，2011，31（12）：1-7.

［4］邹才能，董大忠，王玉满，等.中国页岩气特征、挑战及前景（二）［J］.石油勘探与开发，2016，43（2）：166-178.

［5］谢军，赵圣贤，石学文，等.四川盆地页岩气水平井高产的地质主控因素［J］.天然气工业，2017，37（7）：1-12.

［6］董大忠，王玉满，李新景，等.中国页岩气勘探开发新突破及发展前景思考［J］.天然气工业，2016，36（1）：19-32.

［7］贾爱林，位云生，金亦秋.中国海相页岩气开发评价关键技术进展［J］.石油勘探与开发，2016，43（6）：949-955.

［8］马新华，谢军，雍锐.四川盆地南部龙马溪组页岩气地质特征及高产控制因素［J］.石油勘探与开发，2020，47（5）：1-15.

［9］谢军.关键技术进步促进页岩气产业快速发展——以长宁—威远国家级页岩气示范区为例［J］.天然气工业，2017，37（12）：1-10.

［10］姚军，孙海，黄朝琴，等.页岩气藏开发中的关键力学问题［J］.中国科学：物理学 力学 天文学，2013，43（12）：1527-1547.

［11］张东晓，杨婷云.页岩气开发综述［J］.石油学报，2013，34（4）：792-801.

［12］谢军.长宁—威远国家级页岩气示范区建设实践与成效［J］.天然气工业，2018，38（2）：1-7.

［13］丁麟，程峰，于荣泽，等.北美地区页岩气水平井井距现状及发展趋势［J］.天然气地球科学，2020，31（4）：559-566.

［14］郭旭升，胡东风，李宇平，等.涪陵页岩气田富集高产主控地质因素［J］.石油勘探与开发，2017，44（4）：481-491.

［15］雷群，杨立峰，段瑶瑶，等.非常规油气"缝控储量"改造优化设计技术［J］.石油勘探与开发，2018，45（4）：719-726.

［16］焦方正.非常规油气之"非常规"再认识［J］.石油勘探与开发，2019，46（5）：803-810.

［17］梁兴，徐进宾，刘成，等.昭通国家级页岩气示范区水平井地质工程一体化导向技术应用［J］.中国石油勘探，2019，24（2）：226-232.

［18］谢军，鲜成钢，吴建发，等.长宁国家级页岩气示范区地质工程一体化最优化关键

要素实践与认识［J］.中国石油勘探，2019，24（2）：174-185.

［19］ 舒红林，王利芝，尹开贵，等.地质工程一体化实施过程中的页岩气藏地质建模［J］.中国石油勘探，2020，25（2）：84-95.

［20］ 李玮，闫铁.二维条件下天然裂缝对压裂裂缝影响的分形分析［J］.特种油气藏，2013，20（1）：67-71.

［21］ 张士诚，郭天魁，周彤，等.天然页岩压裂裂缝扩展机理试验［J］.石油学报，2014，35（3）：496-504.

［22］ Gu H，Weng X，Lund J，et al. Hydraulic fracture crossing natural fracture at nonorthogonal angles：a criterion and its validation［J］. SPE Production & Operations，2012，12：20-26.

［23］ 蒋廷学，卞晓冰，袁凯，等.页岩气水平井分段压裂优化设计新方法［J］.石油钻探技术，2014，42（2）：1-6.

［24］ 贾爱林，位云生，刘成，等.页岩气压裂水平井控压生产动态预测模型及其应用［J］.天然气工业，2018，39（6）：71-80.

［25］ Kumar A，Seth P，Shrivastava K，et al. Optimizing drawdown strategies in wells producing from complex fracture networks［C］. SPE International Hydraulic Fracturing Technology Conference and Exhibition，2018，SPE-191419-18IHFT-MS.

［26］ 位云生，王军磊，齐亚东，等.页岩气井网井距优化［J］.天然气工业，2018，38（4）：129-137.

［27］ 黄小青，王建君，杜悦，等.昭通国家级页岩气示范区 YS108 区块小井距错层开发模式探讨［J］.天然气地球科学，2019，30（4）：557-565.

［28］ Pankaj P，Shukla P，Kavousi P，et al. Determining optimal well spacing in the Marcellus shale：a case study using an integrated workflow［C］. SPE Argentina Exploration and Production of Unconventional Resources Symposium，2018，SPE-191862-MS.

［29］ Xiong H J，Wu W W，Gao S H，et al. Optimizing well completion design and well spacing with integration of advanced multi-stage fracture modeling & reservoir simulation-a Permian Basin case study［C］. SPE Hydraulic Fracturing Technology Conference & Exhibiton，2018，SPE-189855-MS.

［30］ Pankaj P. Characterizing well spacing，well stacking，and well completion optimization in the Permian Basin：an improved and efficient workflow using cloud-based computing［C］. Unconventional Resources Technology Conference，2018，URTeC：2876482.

［31］ Cao R，Li R J，Girardi A，et al. Well interference and optimum well spacing for Wolfcamp development at Permian Basin［C］. Unconventional Resources Technology Conference，2017，URTeC：2691962.

［32］ 雍锐，常程，张德良，等.地质—工程—经济一体化页岩气水平井井距优化［J］.天然气工业，2020，40（7）：42-48.

［33］ Kumar A，Seth P，Shrivastava K，et al. Well interference diagnosis through integrated analysis of tracer and pressure interference tests ［C］. Unconventional Resources Technology Conference，2018.

［34］ Yang X，Yu W，Wu K，et al. Assessment of production interference level due to fracture hits using diagnostic charts ［J］. SPE Journal.

［35］ Xiong，H J，Wu W W，Gao S H. Optimizing Well Completion Design and Well Spacing with Integration of Advanced Multi－Stage Fracture Modeling & Reservoir Simulation－A Permian Basin Case Study ［C］. SPE Hydraulic Fracturing Technology Conference & Exhibition，2018，SPE－189855－MS.

［36］ Jacobs T. Fracturehits reveal well spacing may be too tight，completion volumes too large ［J］. Journal of Petroleum Technology，2017，35－38.

［37］ Malayalam A，Bhokare A，Plemons P，et al. 2014. Multi－disciplinary integration for lateral length，staging and well spacing optimization in unconventional reservoirs ［C］. Unconventional Resources Technology Conference，2014，URTeC：1922270.

［38］ Pankaj P. Decoding positives or negatives of fracture－hits：a geomechanical investigation of fracture－hits and its implications for well productivity and integrity ［C］. Unconventional Resources Technology Conference，2018，URTEC－2876100－MS.

［39］ Gupta I，Rai C，Devegowda D，et al. Fracture hits in unconventional reservoirs：a critical review ［J］. SPE Journal，2020.

［40］ Ajani A，Kelkar M. Interference study in shale plays ［C］. SPE Hydraulic Fracturing Technology Conference，2012，SPE－151045－MS.

［41］ Krishnamurthy J，Srinivasan K，Layton N，et al. Frac hits：good or bad？A comprehensive study in the Bakken ［C］. SPE Annual Technical Conference and Exhibtion，2019，SPE－195927－MS.

［42］ 张睿，宁正福，杨峰，等. 页岩应力敏感实验与机理 ［J］. 石油学报，2015，36（2）：224－232.

［43］ Xu T，Lindsay G，Zheng W，et al. Advanced modeling of production induced pressure depletion and well spacing impact on infill wells in Spraberry，Permian Basin ［C］. SPE Annual Techincal Conference and Exhibtion，2018，SPE－191696－MS.

［44］ Kresse O，Weng X，Gu H，et al. Numerical modeling of hydraulic fractures interaction in complex naturally fractured formations ［J］. Rock Mechanics and Rock Engineering，2013，46：555－568.

［45］ 郭建林，贾爱林，贾成业，等. 页岩气水平井生产规律 ［J］. 天然气工业，2019，39（10）：53－58.

［46］ 鲜成钢. 页岩气地质工程一体化建模及数模现状：现状、挑战和机遇 ［J］. 石油科技论坛，2018，5：24－34.

［47］ Esquivel R，Blasingame T A. Optimizing the development of the Haynesville shale － lessons-learned from well-to-well hydraulic fracture interference ［C］. Unconventional Resources Technology Conference，2017，URTeC：2670079.

［48］ 孙海，姚军，孙致学，等. 页岩气数值模拟技术进展及展望 ［J］. 油气地质与采收率，2012，19（1）：46-49.

［49］ 张庆福，黄朝琴，姚军，等. 多尺度嵌入式离散裂缝模型模拟方法 ［J］. 计算力学学报，2018，35（4）：507-513.

［50］ 苏皓，雷征东，李俊超，等. 储集层多尺度裂缝高效数值模拟模型 ［J］. 石油学报，2019，40（5）：587-594.

［51］ 薛亮，吴雨娟，刘倩君，等. 裂缝性油气藏数值模拟与自动历史拟合研究进展 ［J］. 石油科学通报，2019，4（4）：335-346.

［52］ Moinfar A. Development of an Efficient Embedded Discrete Fracture Model for 3D Compositional Reservoir Simulation in Fractured Reservoirs ［D］. Austin：The University of Texas at Austin，2013.

［53］ 戴城，胡小虎，方思冬，等. 基于微地震数据和嵌入式离散裂缝的页岩气开发渗流数值模拟 ［J］. 油气藏评价与开发，2019，9（5）：70-78.

［54］ 郭建春，梁豪，赵志红. 基于最优支撑剂指数法优化低渗气藏裂缝参数 ［J］. 西南石油大学（自然科学报），2013，35（1）：93-98.

［55］ 靡利栋，姜汉桥，李涛，等. 基于离散裂缝模型的页岩气动态特征分析 ［J］. 中国石油大学（自然科学报），2015，39（3）：126-131.

［56］ Thompson L G. Horizontal well fracture interference-semi-analytical modeling and rate production ［J］. Journal of Petroleum Science and Engineering，2018，160：465-473.

［57］ Chang C，Liu C X，Li Y M，et al. A novel optimization workflow coupling statistics-based methods to determine optimal well spacing and economics in shale gas reservoir with complex natural fractures ［J］. Energies，2020，13，3964-3987.

［58］ Haghshenas B，Qanbari F. Quantitative analysis of inter-well communication in tight reservoirs：examples from Montney formation ［C］. SPE Canada Unconventional Resources Conference，2020，SPE-199991-MS.